2018 China Biotechnology Base and Platform Report

2018中国生物技术基地平台报告

中国生物技术发展中心　编著

科学技术文献出版社
SCIENTIFIC AND TECHNICAL DOCUMENTATION PRESS
·北京·

图书在版编目（CIP）数据

2018中国生物技术基地平台报告 / 中国生物技术发展中心编著. —北京：科学技术文献出版社，2018.10

ISBN 978-7-5189-4806-2

Ⅰ.①2… Ⅱ.①中… Ⅲ.①生物工程—管理信息系统—研究报告—中国—2018 Ⅳ.① Q81-39

中国版本图书馆 CIP 数据核字（2018）第 214541 号

2018中国生物技术基地平台报告

策划编辑：郝迎聪 李 蕊 责任编辑：杨瑞萍 崔灵菲 责任校对：张吲哚 责任出版：张志平

出 版 者	科学技术文献出版社	
地 址	北京市复兴路15号 邮编 100038	
编 务 部	(010) 58882938，58882087（传真）	
发 行 部	(010) 58882868，58882870（传真）	
邮 购 部	(010) 58882873	
官方网址	www.stdp.com.cn	
发 行 者	科学技术文献出版社发行 全国各地新华书店经销	
印 刷 者	北京时尚印佳彩色印刷有限公司	
版 次	2018 年 10 月第 1 版 2018 年 10 月第 1 次印刷	
开 本	787×1092 1/16	
字 数	202千	
印 张	12.5	
书 号	ISBN 978-7-5189-4806-2	
定 价	128.00元	

《2018 中国生物技术基地平台报告》
编委会

前 言

当前，生物技术发展日新月异，对经济社会发展的影响日趋增强，对人类生产和生活方式乃至思维方式和认知模式带来了深刻改变，日益成为新一轮科技革命和产业变革的核心，是世界强国的战略必争之地。在党和政府的高度重视和广大科研人员的共同努力下，中国生物技术取得了长足进步，生物经济支撑社会发展的作用不断增强，正在经历从量的积累向质的飞跃、从点的突破向系统提升的重要战略机遇期。

十八大以来，党和国家做出了实施创新驱动发展战略的部署，高度重视科技创新与基地平台建设工作，并于 2017 年 10 月由科技部、国家发展改革委、财政部三部委联合发布了《"十三五"国家科技创新基地与条件保障能力建设专项规划》（以下简称《规划》）。《规划》提出，基地平台建设是国家创新驱动发展战略的重要组成部分，是提高国家综合竞争力的关键。为把握生物技术发展的重要战略机遇，推动中国由生物技术大国向生物技术强国转变，加快实现"两个一百年"的奋斗目标和中华民族的伟大复兴，为中国梦提供强劲引擎，中国必然需要建设一流的生物技术基地平台保障体系。

《规划》提出，到 2020 年，中国将基本建成布局合理、定位清晰、管理科学、运行高效、投入多元、动态调整、开放共享、协同发展的国家科技创新基地平台保障体系。但截至目前，中国尚缺乏对生物技术领域基地平台发展现状做出客观和系统分析的报告。因此，为尽可能摸清家底，紧密配合国家基地平台建设有关规划的顺利实施，为中国生物技术基地平台建设和长远发展提供必要支撑，中国生物技术发展中心组织编写了《2018 中国生物技术基地平台报告》。

本书首次较为系统全面地对中国生物技术领域基地平台的发展现状进行了客观阐述，可为生物技术领域的科学家、企业家、管理人员和关心生命科学、生物技术与产业发展的各界人士提供参考。但受本书定位、数据来源所限，在内容的全面性和深入性方面仍然存在不足之处：一是尚未与发达国家生物技术基地平台进行比较分析；二是尚未与其他领域基地平台进行比较分析；三是尚未对省部级生物技术基地平台进行系统梳理分析。对于以上3点不足，我们将在今后的工作中进一步充实、完善。同时，由于编写人员水平有限，本书难免有疏漏之处，敬请读者批评指正。

编　者

2018 年 10 月

目　录

第一章　总　论

继信息技术之后，生物技术日趋成为新一轮科技革命和产业变革的核心引擎。自20世纪90年代以来，中国生物技术取得了长足进步，总体水平已经在发展中国家处于领先地位。未来，生物经济将成为应对自然变化、环境污染、能源不可再生和人口膨胀等人类社会发展面临的挑战，实现人类经济社会可持续发展的有效手段，生物产业正加速成为中国经济的支柱性产业领域。为加快创新驱动发展的步伐，将中国建设成为生物技术强国与生物产业大国，提升中国生物技术产业的国际竞争力，必须高度重视生物技术领域基地平台建设，为全面落实生物技术强国战略和加快转变科技创新发展方式提供有力的战略保障。

第一节　概述

目前，中国正处于由科技大国向科技强国转变的关键时期，生物技术及其催生的战略性新兴产业的发展迫切需要科技创新基地平台体系的有力支撑。面对新的形势，系统梳理中国生物技术基地平台的发展现状，可为中国生物技术领域基地平台建设下一步的发展规划、政策制定和人才培养等方面提供重要参考。通过系统收集、分析各类国家级生物技术基地平台数据，本书在内容上客观地展示了当前中国生物技术基地平台的发展现状，并总结了各类基地平台发展的主要特点。

一、生物技术基地平台基本情况

本书在明确生物技术基地平台范畴的基础上，收集了生物技术基地平台数据，并对生物技术基地平台规模和特点进行了系统梳理和分析。

（一）生物技术基地平台总体规模

截至2017年12月，中国已建成各类国家级生物技术基地平台809家，包括国家重点实验室 74 家、国家工程技术研究中心 94 家、国家工程研究中心 25 家、国家临床医学研究中心 32 家、国际创新园 5 家、国际联合研究中心 58 家、示范型国际科技合作基地 99 家、国际技术转移中心 1 家、国家中药现代化科技产业基地 25 家、国家大型科学仪器中心 11 家、转化医学国家重大科技基础设施 5 家、模式动物表型与遗传研究国家重大科技基础设施 1 家及生物技术相关国家高新技术产业开发区 124 家，以及隶属于国家级机构的人类遗传资源库 76 家、动物资源库 35 家、植物资源库 110 家及微生物资源库 34 家。

（二）生物技术基地平台范畴

在编写过程中，基地平台类型、定位主要参考了《"十三五"国家科技创新基地与条件保障能力建设专项规划》（国科发基〔2017〕322 号）（以下简称《规划》）中的指导意见，对当前中国生物技术领域的国家重点实验室、国家工程技术研究中心、国家工程研究中心、国家临床医学研究中心、人类遗传资源库、生物种质资源库 6 类基地平台的基本情况进行了系统梳理。在此基础上，本书也对国家国际科技合作基地、国家中药现代化科技产业基地、国家大型科学仪器中心、国家重大科技基础设施、国家高新技术产业开发区 5 类国家级生物技术相关基地平台进行了调研与分析，目的是尽可能全面地展示当前中国生物技术领域国家级基地平台的发展现状。

（三）生物技术基地平台数据来源

本书对生物技术领域基地平台进行了系统调研，数据主要来源于以下 5 个方面。一是来源于中国生物技术发展中心，主要包括国家重点实验室、国家临床医学研究中心、国家中药现代化科技产业基地、人类遗传资源库、国家高新技术产业开发区等相关数据；二是来源于中国科学技术交流中心，主要包括国际创新园、国际联合研究中心、示范型国际科技合作基地、国际技术转移中心 4 类国家国际科技合作基地的相关数据；三是来源于文献检索，主要包括动物、植物、微生物等生物种质资源库的相关数据；四是来源于科技部官网、基地平台官网等开源信息，主要包括国家工程技术研究中心、国家工程研究中心、国家大型科学仪器中心等基地平台的相关数据；五是来源于部分基地平台依托单位提供的相关数据。

二、生物技术基地平台发展的主要特点

通过对生物技术基地平台数据的系统分析，表明中国生物技术基地平台主要具有以下几个主要特点。

（一）基地平台建设已初具规模，但国家重要战略性基地布局有待完善

截至 2017 年 12 月，中国已建成国家级生物技术基地平台 809 家，涵盖了 11 个基地平台类型。总体来看，不同类型基地平台在中国生物技术领域基本上皆有所布局，且已初具规模，但生物技术领域国家实验室和国家生物信息中心等国家重要战略性基地平台尚有待布局。

（二）全国七大区域皆有布局，但华北、华东多，西北、东北少

总体上，中国生物技术基地平台在全国七大区域皆有布局。华北（28.6%）、华东（27.6%）布局较为集中，其次是华中（10.8%）、华南（10.0%）、西南（9.0%）、东北（7.4%）及西北（6.6%）等区域。除国家中药现代化科技产业基地布局相对均衡外，其他类型生物技术基地平台在华北、华东皆较为集中，在西北、东北布局较少，区域间布局不均衡。

（三）研究领域布局日趋完善，但前沿领域布局有待加强

与中国生物技术基地平台建设规模相适应的是，研究领域布局也日趋完善，基本涵盖了基础生物学、医学、药学、生物工程、生物遗传资源、农业生物技术、食品生物技术、海洋生物技术、环境生物技术等研究领域在科学与工程研究、技术创新与成果转化、基础支撑与条件保障等方面的布局。但在有望催生下一次生物技术与健康医疗革命的生物医学大数据研究、微生物组学等前沿领域尚有待加强布局。

（四）基地平台功能定位较为清晰，但部分存在交叉重叠

中国绝大多数生物技术基地平台功能定位较为清晰，但部分基地平台存在功能定位上的交叉重叠问题。例如，国家工程研究中心与国家工程技术研究中心在功能定位方面，以及国家临床医学研究中心与国家重点实验室在部分疾病研究领域方面有所交叉。

（五）高新技术产业开发区布局广泛，但生物技术产业相似度高

截至 2017 年 12 月，在全国 157 家国家级高新技术产业开发区（含苏州工业园区）中，生物技术相关的有 124 家，遍布全国 30 个省、自治区、直辖市，其中绝大多数（121 家）为包括生物技术产业在内的综合性高新技术产业开发区，普遍存在生物技术产业结构相似度高、缺乏产业特色等问题，专门从事生物医药产业的高新技术产业开发区仅有 3 家。

第二节　生物技术发展现状和趋势

21 世纪以来，以生命科学为主导、多项技术共同推动的新科技革命已经形成，这一革命将对人类健康、生态改善和社会伦理产生深远的影响，生物技术正逐步展现其促进未来全球经济社会发展的潜力，日益成为科技创新的前沿和带头学科。

一、生物技术是新一轮科技革命和产业变革的核心

生物技术作为 21 世纪最重要的创新技术集群之一，群体性突破及颠覆性技术不断涌现，向农业、医学、工业等领域广泛渗透，在重塑未来经济社会发展格局中的引领性地位日益凸显。一方面，生物技术"引领性、突破性、颠覆性"推动了各领域的技术创新和突破。生物酶、发酵等技术引领石化工业向绿色工业转变；基因育种等技术引领传统农业向现代农业转变；以基因编辑为代表的基因操作技术将人类带入"精确调控生命"的时代；以干细胞和组织工程为核心的再生医学将原有疾病治疗模式突破到"制造与再生"的高度；CAR-T 疗法等免疫治疗技术突破了传统的肿瘤治疗手段，实现了肿瘤治疗从延长生存时间到治愈的突破。另一方面，生物技术带来的产业变革正在成为生物经济快速崛起的关键驱动力。在生物医药方面，到 2022 年生物制品产值将达到 3260 亿美元，占医药市场 30% 的份额；到 2024 年全球处方药销售额将达到 1.2 万亿美元，全球销售额排名前 10 的药品将均为生物技术药品。在生物农业方面，2016 年转基因作物的全球种植面积达到史上最高的 1.851 亿公顷；2015 年全球农业生物制剂市场价值约 51 亿美元，预计 2016—2022 年农业生物制剂市场复合年增长率将达到 12.76%，到 2022 年全球农业生物制剂市场价值

将达到 113.5 亿美元。在生物能源方面，2016—2020 年全球生物燃料市场的复合年增长率将达到 12.5%，生物质能正在成为推动能源生产消费革命的重要力量。在生物制造方面，到 2025 年生物基化学品将占据 22% 的全球化学品市场，产值将超过5000 亿美元 / 年；到 2020 年生物基材料将替代 10% ～ 20% 的化学材料，精细化学品的生物法制造将替代化学法的 30% ～ 60%。

二、发展生物技术是提高国际竞争力的必然措施

近年来，欧美等发达国家及新兴经济体持续加强生物技术战略部署，抢占生物经济战略高地。2010 年，德国启动了"2030 年国家生物经济研究战略——通向生物经济之路"科研项目，在 2011—2016 年投入 24 亿欧元用于生物经济的研发和应用；2011 年 12 月，英国发布了《英国生命科学战略》；2012 年 2 月，欧盟委员会通过了欧洲生物经济战略，加大与生物经济相关的研发和技术投资力度，增强生物经济的竞争力；2012 年 4 月，时任俄罗斯总理普京签署了"俄罗斯联邦生物技术发展综合计划 2012—2020"，投资约 1.18 万亿卢布；随后，美国发布了《国家生物经济蓝图》，该蓝图列出了推动生物经济将要采取的措施，以及为实现这一目标正在采取的行动；2012 年 5 月，挪威发布了《国家生物技术发展规划（2012—2021）》；2013年，欧盟和美国先后启动"人脑工程计划"，目的是探索人类大脑工作机制，绘制脑活动全图，最终开发出针对大脑疾病治疗的有效方法；欧盟于 2014 年启动"地平线 2020"（Horizon2020），将健康、生物经济等纳入战略优先领域；美国于 2016 年启动"癌症登月计划"，旨在显著降低癌症的发病率和病死率，使癌症可预防、可发现、可治愈；同年启动"国家微生物组计划"，提出对微生物组进行全面深入的研究，并将研究成果广泛应用于医疗、食品生产及环境保护等重点领域；英国于 2016年发布"英国合成生物学战略计划 2016"，提出在 2030 年实现英国合成生物学 100亿欧元产值，积极抢占合成生物学制高点。

中国生命科学与生物技术发展迅速，进入了从量的积累向质的飞跃、点的突破向系统提升的重要时期，从以"跟跑"与"并跑"为主，向"并跑"与部分领域进入"领跑"转变。但与发达国家相比，中国在创新实力、核心技术、产业化等方面仍然存在着一定差距。当前，中国特色社会主义进入新时代，中国经济社会飞速发展的同时也面临着作为大国参与国际竞争，以及国内经济结构转型升级、跨越"中等收入

国家陷阱"等一系列挑战。生物技术和生物经济已成为中国应对国际科技、经济竞争和国内转型发展新形势和新挑战的重要手段和坚实支撑。

三、发展生物技术是保障国计民生的重要手段

生物技术涉及面广、渗透性强，深入影响到人民生活的方方面面。在健康领域，预计到 2030 年，中国人均预期寿命将达到 79 岁，老年人口比重达到 25%，提升健康水平将成为民众关注的焦点。生物技术的发展可以支持产出各类新型诊疗技术和产品，如精准医疗、生物治疗等新手段能有效延长肿瘤病人的生存期，将为应对重大疾病和老龄化挑战、实现建设健康中国的目标提供支撑。在农业领域，预计到 2030 年中国人口将达 14.5 亿人左右的峰值，随着生活水平的提高，对粮食及肉、蛋、奶的消耗量还会持续上升。生物技术可不断提高农、林、牧、渔等领域的生产效率，如 2016 年超级杂交稻亩产已超过 1500kg，将为满足人民日益提升的消费需求和保障粮食安全提供支撑。在资源环境领域，随着经济的发展，到 2030 年中国对煤炭、石油、钢铁等资源的需求仍将居高不下，而目前中国资源枯竭型城市已达 100 余座，成为制约中国可持续发展的重要问题。生物技术可助力绿色制造、节能环保、循环经济的发展，据预测到 2030 年 35% 的化学产品将由生物基材料制造，这将为实现转型升级、再造绿水青山提供支撑。

第三节　生物技术基地平台建设的战略需求

经过多年发展，中国基地平台建设在很多方面已经取得了长足的进步。但是，对比欧美等发达国家在生物技术领域重大科技基础设施建设、共享与服务平台的投入和取得的成就，中国现有生物技术基地平台仍有不小差距。生物技术基地平台建设是中国实现世界生物技术强国战略目标的必然需求。

一、基地平台建设是中国成为生物技术强国的战略基础

当前，世界主要发达国家为继续引领未来科学技术发展方向，纷纷把国家科

技创新基地、重大科技基础设施和科技基础条件保障能力建设作为提升科技创新能力的重要载体。中国正处在建设创新型国家的关键时期，创新是引领科技发展的第一动力。欧美等发达国家多年来的实践充分证明，以国家实验室等为代表的国家级科研基地平台体系是国家创新体系的重要组成部分，其建设和发展对国家科技创新能力和国际竞争力的迅速增强具有极其重要的作用。近年来，中国生物技术领域发展势头良好，已步入以跟跑为主向部分领域并跑乃至领跑的新阶段，面对新的形势，加强生物技术领域基地平台建设，对建设生物技术强国具有十分重要的战略意义。

二、基地平台建设是中国发展生物技术产业的战略保障

全球生物技术产业发展已呈现明显的区域聚集特征，这与生物技术产业集聚区的建设密不可分。以欧美为代表的发达国家在生物技术产业中占据核心地位。美国已经形成旧金山、波士顿、北卡罗莱纳等五大生物技术产业聚集区；欧洲也已经形成了德国生物技术示范区、法国巴黎基因谷及英国剑桥基因组园等国际知名生物技术产业园区。这些区域均以技术创新为核心，为国家生物技术领域创新发展提供强大的技术动力，长期占领世界生物技术产业高地。经过多年的努力，截至2017年12月，中国已经建成了生物技术相关国家级高新技术产业园区124家，在部分区域已经开始呈现产业聚集分布的特征，对促进区域生物技术产业发展起到了良好的带动作用。此外，国家国际科技合作基地、国家工程研究中心、国家工程技术研究中心等生物技术基地平台在北京、上海等地区的布局也呈现了聚集的特征。这些区域有望将来在国际生物技术产业竞争中占据重要地位。

三、基地平台建设是保障国家生物技术领域长远发展的战略途径

世界主要发达国家高度重视科研支撑条件建设，通过多种途径，在科技文献、实验动物、生物种质资源等收集、保藏和共享方面建立了一系列平台和大型科学设施。借助其资源优势，不断制定世界生物技术研发规则，设立资源、技术和标准壁垒，强化其在科技创新中的话语权和决定权。例如，在生物医学大数据研究领域，国际三大生物信息中心（美国国家生物技术信息中心、欧洲生物信息学研究所、日

本国立遗传研究所 DNA 数据中心）共同组成国际核酸序列数据共享联盟（INSDC），INSDC 每年召开三方内部会议，讨论有关建立和维护序列存档的问题，并制定了一系列统一的标准和政策，把控全球生物医学数据的收集和应用。

　　面对复杂的国际科技发展竞争形势，为打破发达国家生物技术领域的坚实壁垒，中国必须加强生物技术领域基地平台建设，加快建设生物技术领域国家实验室和国家生物信息中心等国家级战略性基地平台，以开放共享的科技平台和国家重大科技基础设施为支撑、以生物技术集聚区为国家级战略性转化支撑体系，紧密围绕国家目标、体现国家意志、集中国家力量开展原始创新研究、重大关键技术研究和产业化共性技术研究，为国家解决生物技术重大科学问题及促进生物产业的发展，为国家工业、企业的发展提供长期的、战略性的技术储备和基础支撑，稳步提升中国在生物技术领域的国际竞争力。

第二章 国家重点实验室

国家重点实验室是面向前沿科学、基础科学、工程科学，推动学科发展，提升原始创新能力，促进技术进步，开展战略性、前瞻性基础研究和应用基础研究等科技创新活动的科学与工程研究类国家科技创新基地。本章主要对生物和医学领域国家重点实验室的基本情况进行梳理、介绍。

第一节　基本情况

为满足国家重大战略需求，推动基础研究和应用基础研究快速发展，中国于1984年开始启动国家重点实验室建设计划，主要任务是在教育部和中国科学院等有关大学和研究所中，依托原有基础建设一批国家重点实验室。截至2017年12月，中国累计建成国家重点实验室503家，分布于八大学科领域，其中生物和医学领域国家重点实验室74家，占比约为15%。

一、地域分布

中国生物和医学领域国家重点实验室主要由教育部、中国科学院、国家卫生健康委、军委后勤保障部和农业农村部五大部委主管（图2-1）。其中，教育部和中国科学院分别主管30家和19家，约占总数的70%；国家卫生健康委主管8家、军委后勤保障部和农业农村部分别主管6家。此外，河南、江苏、广东、山东、湖南等省科技厅各主管1家。

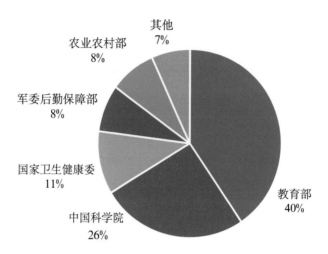

图 2-1　生物和医学领域国家重点实验室主管部门分布

　　截至 2017 年 12 月，超过 70% 的生物和医学领域国家重点实验室分布在华北（46%）和华东地区（27%），且主要集中在北京和上海 2 地，其后依次为西南（11%）、华南（7%）、华中（5%）、西北（3%）和东北（1%）（图 2-2）。研究发现，生物和医学领域国家重点实验室主要集中分布于经济发达和研究实力雄厚的地区。

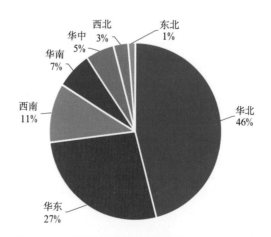

图 2-2　生物和医学领域国家重点实验室地域分布

二、领域分布

按照生物形态特点，可将生物分为动物、植物和微生物。国家重点实验室在上述 3 个领域均有相应布局（表 2-1）。截至 2017 年 12 月，动物领域，中国共布局了 6 家国家重点实验室，全部集中在农业科学方面。植物领域，中国共布局了 15 家国家重点实验室，学科覆盖面广，在分子、细胞、生理生化和系统进化等不同层面皆有布局。微生物领域，中国共布局了 8 家国家重点实验室，主要集中在微生物代谢、技术与资源开发、生物安全、特定微生物研究及农业微生物等多个领域。

表 2-1 国家重点实验室在不同生物形态的研究领域分布

研究领域	分类		
	动物	植物	微生物
生物学		蛋白质与基因研究	代谢
		分子遗传学	技术开发
		细胞与染色体工程	资源开发
		生理学与生物化学	生物安全研究
		基因组学	
		系统与进化学	
农学	家畜疫病病原生物学	资源利用	真菌学
	植物病虫害生物学	病虫害研究	家畜疫病病原生物学
	虫害老鼠害治理	棉花生物学	农业微生物学
	动物营养学	作物遗传改良	
	兽医生物技术	作物遗传与种质创新	
	家蚕基因组学	作物生物学	
		作物逆境生物学	
		水稻生物学	
		杂交水稻研究	
医学			病毒学

此外，疾病研究领域，中国共布局了 14 家国家重点实验室，近总数的 1/5，其中又以肿瘤学研究占比最大（4 家），内容涵盖肿瘤发生机制、癌基因及肿瘤生物学研究等方面；其次是感染性疾病研究（2 家），涉及感染性疾病的预防、诊治等研究方向（图 2-3）。细胞和分子水平的机制研究领域，中国共布局了 24 家国家重点实验室，接近总数的 1/3，体现了中国对生物技术领域分子机制基础研究的重视。其中，排名前 3 位的为遗传学、细胞生物学和神经科学领域的实验室。与神经科学研究相关的国家重点实验室共 4 家，主要涉及脑与认知科学、认知神经科学与学习及神经生物学等方向，体现了中国对神经科学领域的重视，也为中国"脑计划"工作的顺利开展奠定了较坚实的基础。近年来，免疫治疗逐渐成为生物医学领域的研究热点，被认为是最终攻克癌症的希望之一，当前中国在免疫学研究领域布局了 2 家国家重点实验室。药学研究领域，中国共布局了 6 家药学研究相关的国家重点实验室，覆盖了天然药物的活性成分、功能及仿生、新药研发、药物化学及医药生物技术等多个研究领域。

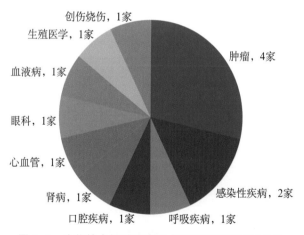

图 2-3　生物技术领域国家重点实验室疾病领域分布

三、运行管理

依据《国家重点实验室建设与运行管理办法》，科技部对国家重点实验室的整体运行状况开展定期评估，主要评估指标包括研究水平与贡献、队伍建设与人才培养、开放交流与运行管理等。

（一）考核与评估的有关内容与流程

①重点实验室应当在规定时间报告年度工作计划和总结，经依托单位和主管部门审核后报科技部。

②依托单位应对实验室进行年度考核，考核结果报主管部门和科技部备案。

③根据年度考核情况，科技部会同主管部门和依托单位，每年对部分重点实验室进行现场检查，发现、研究和解决重点实验室存在的问题。

④科技部对重点实验室进行定期评估。5 年为一个评估周期，每年评估 1 ~ 2 个领域的重点实验室，具体评估工作委托评估机构实施。

⑤科技部根据国家重点实验室定期评估成绩，结合年度考核情况，确定重点实验室评估结果，未通过评估的不再列入国家重点实验室序列。

（二）国家重点实验室的运行情况

根据 2016 年度国家重点实验室评估结果，参评的 75 家生物和医学领域国家重点实验室中评估结果为优秀的 20 家（26.7%），良好的 46 家（61.3%），整改的 8 家（10.8%），未获通过的 1 家（1.4%），评估优良率为 88%。评估结果表明当前中国绝大多数生物技术领域国家重点实验室在研究水平、优势特色、队伍建设、开放交流与运行管理等方面均能够保持较好的发展态势。

评估结果优异的国家重点实验室在很大程度上代表了中国当前生物技术领域的优势学科与研究方向：基础生物学领域，分子生物学、生物大分子、细胞生物学、神经科学、膜生物学、蛋白质组学及干细胞与生殖生物学 7 个研究方向的国家重点实验室表现优异，其中 6 个是以中国科学院为依托单位，体现了中国科学院在中国基础生物学研究领域的引领地位；农业科学领域，水稻生物学、杂交水稻、作物遗传改良、作物遗传与种质创新、生物反应器工程及兽医生物技术 6 个研究方向的国家重点实验室表现优异，体现了中国在作物遗传育种基础研究领域已经具备了扎实的研究基础，且水稻遗传育种研究领域处于世界一流行列；基础医学领域，医学免疫学、医学基因组学、传染病诊治、呼吸疾病、肾脏疾病和生物治疗 6 个研究方向的国家重点实验室表现优异，表明了中国在一些疾病的病理机制研究、免疫与遗传的分子机制研究及生物治疗等方面已经具备了较好的研究基础。

第二节　典型国家重点实验室

一、干细胞与生殖生物学国家重点实验室

干细胞与生殖生物学国家重点实验室于1991年开始组建，并于1993年年底通过验收，依托中国科学院动物研究所建设，主管部门为国家卫生健康委员会。实验室主要开展面向生命科学前沿和人口健康领域的国家需求，围绕配子发生与生育力重塑、生殖健康与调控、干细胞与再生医学等领域开展基础性、前瞻性和战略性研究。实验室现任主任为王红梅研究员，学术委员会主任为裴钢院士。

（一）研究领域

实验室主要围绕干细胞与生殖生物学领域开展前瞻性和引领性研究，深入探索重大基础科学问题，研发新型研究工具和疾病治疗方法，建设有重大国际影响的干细胞与生殖研究团队和基地，满足中国人口安全和人民健康的重大需求。实验室主要从事3个方向的研究：生殖健康研究，包括生殖细胞形成与发育研究、妊娠建立与维持研究、生育力维持与重建；再生医学研究，包括干细胞稳态维持机制研究、干细胞分化命运决定、干细胞临床应用研究；创新细胞技术研究，包括组织与器官重建、基因编辑与调控、新型干细胞模型。

（二）人才队伍

实验室现有22个研究组，80余位工作人员，160余位研究生。其中两院院士2人、国家"杰青"5人、国家"优青"4人、中组部"万人计划"2人、中科院"百人计划"12人。2016年干细胞与再生医学团队获得国家基金委创新群体项目支持。实验室"十二五"期间担任"发育与生殖重大研究计划"和"干细胞重大研究计划"专家组召集人各1人，先后有11人担任国家973计划、863计划和重大研究计划首席科学家，30余人次担任国际SCI杂志副主编或编委，周琪主任担任国际干细胞组织（ISCF）主席。

（三）科研成果

实验室科研业绩突出，在干细胞和生殖生物学领域做出了诸多开创性研究成果。实验室近5年来共承担国家项目160余项，总经费约3亿元，作为首席科学家单位承担国家 973、863、中国科学院战略先导专项等项目 8 项。其中，实验室主持的中国科学院"干细胞与再生医学研究"（2011—2015）战略先导专项，在财政部公布的国家部委重点项目绩效评价中名列第一，并作为典型案例报送全国人大常委会，同时承担"器官重建与再造"（2017—2021）第二期中国科学院战略先导专项。

2009 年实验室用四倍体补偿技术获得了小鼠"小小"，在世界上首次证实了 iPS 细胞的全能性，被评价为 Proof of Principle 的工作，同时也是中国干细胞领域发表的第一篇高端论文，同年该成果被入选为"年度中国十大科技进展"。2012 年实验室发明了单倍体干细胞，引领该领域的发展，同年该成果被入选为"年度中国十大科技进展"。 实验室在基础生物学领域提出了新的理论，利用干细胞代替精子、卵子跨越受精阶段，产生个体，利用单倍干细胞实行了同性生殖，这些成果都颠覆了传统生殖理论。2016 年实验室提出 tsRNAs 介导的父代获得性代谢紊乱表型能够跨代传递的全新理论，这一突破性研究成果发表后，*Science*、*Nature*、*Nat Rev Genet*、*Cell Metab*、*Cell Res*、*FASEB J*、*Biol Reprod* 等多个杂志发表亮点评述，全球数百家新闻媒体报道和转载，同年该成果被入选为"年度中国十大科技进展"。

此外，实验室布局了再生医学领域的前瞻性研究，建立了全国首家临床级干细胞库和临床级胚胎干细胞系；实验室牵头完成了中国首个《干细胞通用要求》，并于 2017 年 11 月 22 日发布，在规范干细胞行业发展，保障受试者权益，促进干细胞转化研究等方面发挥了重要作用。实验室与多家临床医院建立了稳固的合作关系，并利用基因编辑等先进技术，在临床疾病治疗研究方面获得了可喜成果，完成了基于灵长类模型的帕金森病治疗安全性和有效性评估，完成了中国首例青少年性黄斑变性的临床移植研究，开展了世界首例临床级干细胞治疗出血性老年黄斑变性研究。

2014 年"哺乳动物多能干细胞的建立与调控机制研究"荣获国家自然科学二等奖。"细胞编程与重编程机制"入选中国科学院"十二五"标志性重大进展，并获第一名。"细胞编程与重编程机制"和"再生医学研究与应用"研究，入选国家"十二五"科技创新成就展。

（四）学术交流

实验室重视国内外交流合作，多次举办重要国际学术会议，探索国际合作新模式，2017 年与瑞士辉凌医药就生殖健康研究达成合作协议，创建合作研究所，未来 5 年辉凌医药将持续支持生殖健康合作研究。实验室牵头组建中国科学院—北京协和医院健康科学研究中心，将聚焦健康的维持与促进，重大疾病的预防、早筛、早诊和新型诊疗技术研发。

二、蛋白质组学国家重点实验室

蛋白质组学国家重点实验室在军队基因组学与蛋白质组学重点实验室基础上建立，依托于军事科学院军事医学研究院（原军事医学科学院），主管部门为军委后勤保障部卫生局（原总后勤部卫生部）。实验室于 2007 年经科技部正式批准建设，2009 年顺利通过验收，连续 2 次（2011 年、2016 年）在国家重点实验室评估中获得优秀。实验室是目前中国在蛋白质组学领域批准建设的唯一的国家重点实验室，现任学术委员会主任饶子和院士，实验室主任贺福初院士。

（一）研究领域

实验室致力于建立具有国际先进水平的蛋白质组学、功能基因组学及生物信息学"三维一体"的科学和技术体系，探索细胞基本生命活动过程的蛋白质功能网络和特征，揭示重大疾病发生发展的蛋白质（群）调控规律，发现特异性标志物和药物靶标分子。重点开展肝脏和神经系统的蛋白质组学研究，主要研究内容包括：人类肝脏蛋白质组组成及其功能网络研究；重大疾病相关的蛋白质组学研究；基于蛋白质组学的系统生物学研究；蛋白质组学新技术新方法研究。

（二）人才队伍

实验室通过设立"凤凰"杰出人才奖励基金，"雏鹰计划""青苗工程"和"绿叶奖"等多层次、多类别的人才基金和激励机制，同时在资源配置、经费使用、出国进修等方面提供配套措施，着力梯次培养青年才俊。目前已建成一支 2 位院士领衔、29 位研究员、27 位副研究员领阵的国家级创新团队。实验室 40 岁以下研究骨干 53 人（其中，高级职称 27 人）占固定人员 51.5%。10 年内产生 2 位中国科学院院士、连续三届为全国党代会代表，1 人获国际 HUPO "杰出贡献奖"和"成就奖"，拥有 7 位 973 和重大科学研究计划首席，7 位国家"杰青"，7 位国际核心期刊编委；2 人获何梁何利基金奖，5 人获中国青年科技奖；2 人获全国百篇优博，20 人获全军优硕 / 优博。近 5 年，实验室 4 人入选国家"万人计划"，5 人获国家杰出青年科学基金，5 人入选创新人才推进计划中青年科技创新领军人才，2 人入选科技北京百名领军人才培养对象，2 人荣获国家优秀青年基金，12 人入选北京市科技新星。2013 年，以主任贺福初院士、副主任杨晓明研究员、张学敏院士为主要完成人的蛋白质组学创新团队荣获国家科技进步奖创新团队奖。

（三）科研成果

2002 年，贺福初院士在国际上率先提出实施人类组织 / 器官蛋白质组计划的科学目标和技术策略，倡导并领衔了人类第一个器官（肝脏）国际蛋白质组计划（HLPP），所形成的理论框架、整体策略和技术标准被国际同行认可和应用，为人类蛋白质组计划（HPP）的全面展开发挥了示范和指导作用。*Nature*、*Science* 等连续发表评述，对中国在该计划中的引领作用给予高度评价。2012 年 5 月，WILEY 集团出版 *The Liver Proteome* "百科全书"式专著，向全球展示了 HLPP 的成就。

围绕生物医药产业发展需求，实验室提出构建人体主要器官生理和重要疾病蛋白质组图谱的设想，牵头筹划"中国人类蛋白质组计划 (CNHPP)"。该设想提出并向国际同行推介后，推动了 HUPO 设立生理 / 病理蛋白质组计划的协作方案，秦钧研究员担任生理 / 病理蛋白质组计划共同主席。在国内，历经 4 年迭代论证，CNHPP 成为科技部"十二五"部署的重点专项，于 2014 年年初正式实施。该计划集结全国 60 余个蛋白质组学、临床医学、生物信息学优势单位，以绘制人类蛋白质组图谱、建设人类蛋白质大数据库、发展蛋白质组产业链为主线，力争实现蛋白质组研究到应用的全链条突破，提高蛋白质组整体研究水平和综合研发能力，推动中国蛋白质组研究。实验室还承担了国家生物大数据中心的建设任务，于 2015 年 1 月正式实施，自主产出的生命组学数据 240TB、公共数据 160TB，正在开展微生物组、医学数据的整合，成为继美国生物技术信息中心（NCBI）、欧洲生物信息研究所（EBI）之后的又一个生命组学数据重镇。

（四）学术交流

2012 年以来，实验室与国际同行进行了广泛而深入的交流，成功举办第 6 届亚太蛋白质组大会；贺福初院士连年被特邀在国际蛋白质组学大会上作主旨报告；与韩国、澳大利亚、美国和欧盟等国家 / 地区实验室开展了 12 项主导性合作，通过牵头 HLPP、参与国际人类染色体蛋白质组计划，设立交流学者项目，与韩国、新加坡、澳大利亚、印度、泰国、伊朗、俄罗斯等"一带一路"国家合作推动亚太蛋白质组研究，于 2012 年被科技部认定为"国际联合研究中心"。实验室先后有 4 人担任国际人类蛋白质组组织（HUPO）理事（共计 44 人），贺福初院士、秦钧研究员相继担任国际人类蛋白质组计划执委（全球共 8 人），张普民教授接任 HLPP 共同主席；贺福初、张学敏、钱小红、杨晓、姜颖、李栋等 19 人次担任国际著名期刊编委。实验室已成为国际蛋白质组学研究和学术交流舞台最活跃的团队之一。

第三章　国家工程技术研究中心

国家工程技术研究中心是面向国民经济、社会发展和市场需要，针对行业、领域发展中的重大关键性、基础性和共性技术问题，将具有重要应用前景的科研成果进行系统化、配套化和工程化研究开发，为适合企业规模生产提供成熟配套的技术工艺和技术装备，并不断地推出具有高增值效益的系列新产品，推动相关行业、领域的科技进步和新兴产业发展的技术创新与成果转化类国家科技创新基地。本章主要对生物技术领域国家工程技术研究中心的基本情况进行介绍。

第一节　基本情况

国家工程技术研究中心建设主要依托于行业、领域科技实力雄厚的重点科研机构、科技型企业或高校。截至 2017 年 12 月，经过 20 多年的建设与发展，国家工程技术研究中心总数达到 360 家，涵盖了农业、电子与信息通信、制造业、材料、节能与新能源、现代交通、生物与医药、资源开发、环境保护、海洋、社会事业等领域。其中，生物技术领域相关的国家工程技术研究中心 94 家，占比约为 30%。

一、地域分布

从地域分布来看，截至 2017 年 12 月，在 94 家生物技术领域相关的国家工程技术研究中心中，华东 34 家，华北 19 家，华中 12 家，西南和华南各 8 家、东北 7 家、西北 6 家（图 3-1）。分析可见，国家工程技术研究中心在全国七大区域均有布局，体现了利用不同区域资源优势进行工程技术研发、设计与试验的布局思路。华东地区分布最多，其中仅山东省就有 11 家，占比为 11.5%，多为海洋和农业相关方向，充分利用了区域特色自然资源。

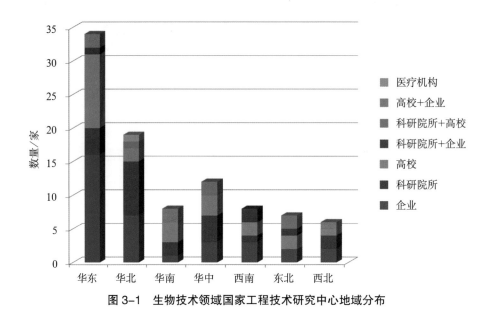

图 3-1　生物技术领域国家工程技术研究中心地域分布

二、领域分布

　　截至 2017 年 12 月，生物技术领域国家工程技术研究中心布局已涵盖了农业、生物、医药、食品等多个领域。农业领域，布局最多，共 39 家（42%），主要包括经济作物育种、农业生物技术及动物繁育等研究领域。药物研发领域，布局 21 家（22%），主要是生物医药、海洋药物、天然药物、抗病毒药物、手性药物、药用辅料、诊断试剂等的研发，以及药物检测等。食品领域，布局了 12 家，主要是食品生物技术及功能性食品的技术研发等。医疗卫生领域，共布局 8 家，其中从事医疗器械技术研发的占 5 家。生物医学工程领域，共布局 5 家，分别从事组织工程、细胞工程、辅助生殖及医学材料的研制等。水产和林业领域，国家工程技术研究中心也有相应布局（图 3-2）。此外，生物化工领域，共有 4 家国家工程技术研究中心，分别布局在北京、南京、上海和深圳。

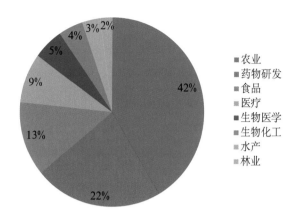

图 3-2 生物技术领域国家工程技术研究中心研究领域分布

三、主要职责和任务

作为一类技术创新与成果转化类基地,《国家工程技术研究中心暂行管理办法》界定了国家工程技术研究中心的主要职责和任务。

①根据国民经济和市场需要,将具有重要应用前景的科研成果进行系统化、配套化和工程化研究开发,为企业规模生产提供成熟配套的技术工艺和技术装备。

②培训行业或领域需要的高质量工程技术人员和工程管理人员。同时,结合国外智力引进工作,在工程技术研究开发方面全方位地开展国际合作与交流。

③实行开放服务,接受国家、行业或部门、地方,以及企业、科研机构和高等院校等单位委托的工程技术研究、设计和试验任务,并为其提供技术咨询服务。

④运用其工程化研究开发和设计优势,积极开展国外引进技术的消化、吸收与创新,成为企业吸收国外先进技术、提高产品质量的技术依托。

第二节 典型国家工程技术研究中心

一、国家传染病诊断试剂与疫苗工程技术研究中心

国家传染病诊断试剂与疫苗工程技术研究中心于 2005 年由科技部批准,依托厦门大学和养生堂有限公司组建,2009 年以"优秀"通过科技部验收。中心于 2009

年受科技部委托牵头组建全国体外诊断产业技术创新战略联盟。

（一）研究领域

中心长期从事疫苗和诊断试剂产品的研发及病毒分子生物学、基因工程、免疫学和细胞生物学相关的基础及应用基础研究。

（二）人才队伍

中心现有科研人员 200 余人，集聚了包括 2 位"万人计划"科技创新领军人才、1 位国家"杰青"、3 位教育部新（跨）世纪优秀人才在内的一批高水平人才，入选科技部、教育部创新团队，是中国疫苗和诊断试剂创新的代表性领军团队。

（三）科研成果

中心独创了基于大肠杆菌的类病毒颗粒疫苗技术体系，形成的全链条技术创新平台贯穿了疫苗、诊断、生物治疗领域内多学科交叉技术创新和转化的各个关键环节，取得了一批国际首创或打破国内关键产业技术瓶颈的已完成转化或接近完成转化的重大成果，累计获 105 项发明专利授权（其中，境外授权 59 项），累计在 *NEJM*、*Lancet*、*Sci Transl Med*、*Nat Commun* 等期刊上发表 SCI 论文 254 篇（其中，3 篇入选 F1000 推荐），获国家技术发明二等奖、国家科技进步二等奖、中国专利金奖、求是杰出科技成就集体奖、全国创新争先奖等奖励。2017 年年底，中心主任夏宁邵教授和团队骨干李少伟教授双双入选世界生物技术顶尖期刊 *Nature Biotechnology* 评选出的 2016 年度全球生物技术转化 TOP20 研究者，成为大陆首次入选该榜单的研究者。

（四）工程化成果

中心长期坚持新型靶标／靶点的原始创新，研制出多项引领全球的创新产品。发现了戊型病毒的优势中和表位，研制出全球首个戊型肝炎疫苗，打破了国际疫苗界"大肠杆菌系统不能用于人用疫苗研发"的固有认识，获求是杰出科技成就集体奖和中国专利金奖；发现了戊肝病毒的免疫优势表位，研制出系列戊肝诊断试剂，建立了全球新一代的戊肝血清学诊断"金标准"，其在国内、法国、英国、荷兰等地的市场占有率均在 80% 以上，获国家技术发明二等奖；首次发现了戊肝第四抗原——分泌型抗原的产生机制，研制出新一代戊肝抗原检测试剂，使得戊肝抗原成为戊肝诊断中的独立指标，于 2018 年被写入欧洲肝病协会戊肝诊断指南。首次揭示了乙肝核心抗体定量检测在慢性乙肝治疗中的用药指导作用，研制出首个商品化试剂，于 2017 年被写入《亚太肝病协会乙肝防治指南》。

（五）工程化研发成果的应用与影响

中心不断突破中国疾病防控中的多个关键技术瓶颈，满足中国生物药物和体外诊断领域的重大需求。率先在国内突破艾滋病诊断试剂的生物活性原料，彻底解决了该试剂的"无芯"问题，研制出国内首个艾滋病第三代、第四代诊断试剂等产品，使得国内艾滋病诊断试剂彻底摆脱了长期以来的进口依赖，获国家科技进步二等奖。中心利用大肠杆菌表达系统研制出首个国产宫颈癌疫苗，并于 2017 年提交上市申请，使中国成为美、英之后具备该疫苗自主供应能力的第三国。鉴于该疫苗保护效果好、生产成本低、生产规模易放大等优点，为使该产品早日惠及全球，世卫组织、联合国儿童基金会、盖茨基金会等国际组织正在推动该疫苗的 PQ 认证。研制的第二代宫颈癌疫苗（九价）已获得临床试验批件，并开展临床试验。此外，中心还在 2004 年禽流感、2008 年手足口病、2009 年 H1N1 甲流、2015 年 MERS、2016 年寨卡等疫情暴发时快速研制出诊断试剂。

中心依托全链条的技术创新体系，坚持原始创新引领，正在围绕中国重大健康需求开展一批具有高度原创性的引领性生物药物研究。基于关键毒性基因敲除的新一代减毒水痘活疫苗，是全球首个皮肤与神经嗜性双减毒的水痘活疫苗，在预防儿童水痘的同时不会带来受种者发生带状疱疹的风险，有望成为更安全、更放心的疫苗，目前已获得临床试验批件。全新概念的乙肝治疗性疫苗基于原创靶点和原创载体，在多种 HBV 动物模型中表现出良好的治疗效果，目前已完成临床前研究和临床试验申报，致力于为中国 9300 万慢性乙肝患者提供突破性治疗手段。新一代携带人PD-1 抗体基因的肿瘤特异性溶瘤病毒创新性地结合了当前肿瘤免疫疗法中最前沿的免疫检验点抗体治疗和溶瘤病毒疗法，有望形成中国原创的肿瘤免疫治疗药物，即将申报临床试验。通用流感病毒不仅能够长期有效预防各种变异病毒株的感染，而且能够跨亚型保护多型别流感的感染，致力于解决当前流感疫苗"一年一换"的世界性难题，目前中心已找到广谱中和表位和技术突破点。第三代二价宫颈癌疫苗在国际上率先应用结构疫苗学方法进行 HPV 嵌合疫苗分子设计，可预防 20 种型别的

HPV 感染，保护率有望达到 99%，致力于提供宫颈癌的终极保护研究。

二、国家生物防护装备工程技术研究中心

国家生物防护装备工程技术研究中心于 2003 年 12 月经国家科技部批准正式依托原军事医学科学院组建，是中国唯一的专门从事生物防护装备研发的国家级科研基地、科研成果孵化和产业化基地、高级研究和管理人才的培养基地、面向行业的开放服务基地。

中心建设了国内一流的生物防护防疫装备研发和检测 CMA 认证实验室、生物防护装备微生物气溶胶滤除效果安全性评价技术平台和消毒效果评价技术平台，建有气体消毒效果与通风空调净化验证微环境实验室、生物洁净实验室、滤材性能实验室等多个专业实验室，拥有 TSI3160 高效自动滤料测试台等各类国内领先的生物防护装备研发和检测的先进仪器设备 450 余台（套）。

（一）研究领域

中心研究领域主要是围绕突发公共卫生事件和生物恐怖袭击中的侦、检、消、防、治 5 个控制环节，研究解决中国生物与医学防护领域中的关键技术与装备问题，加快研发具有自主知识产权的高效防护系列新产品和装备，完善相应的标准体系，推动生物防护装备产业化。

（二）人才队伍

中心建设了一支年龄梯次、专业结构合理，具有高素质、高水平的管理和工程技术研发队伍，拥有"杰青"并入选国家百千万人才工程、获"有突出贡献中青年专家"荣誉称号 1 人，总后勤部"三星人才"4 人，全国优秀科技工作者 2 人，国家 863 计划主题项目首席专家 2 人，全国"援非抗埃"先进个人 1 人，多名专家担任了国家处置生物恐怖事件专家组专家、国家应对突发公共卫生事件专家咨询委员会委员、中国合格评定国家认可中心实验室生物安全主任评审员、国家病原微生物实验室生物安全专家委员会委员等重要学术职务。培养硕士生 30 余人，博士生 20 余人。主办"全国生物安全技术与装备学术研讨会"10 次，培训研发、应用和检验人员 1600 余人，有力地推动了生物安全技术与装备学科发展、技术进步和

从业人员能力提升。

（三）科研成果

中心先后承担国家科技支撑计划、863 计划、科技重大专项、重点研发计划等国家重大项目和军队重点课题 30 余项，科研经费达 2 亿余元。中心研发的成果获授权专利 60 项，中国专利优秀奖 1 项，天津市专利金奖 1 项，国家重点新产品 1 项，Ⅱ类医疗器械注册证 2 项，中国民用航空局重要改装设计批准书 1 项；牵头及参与的成果获国家科技进步一等奖 1 项，二等奖 2 项，省部级一等奖 1 项。

（四）工程化成果

中心紧密围绕中国生物安全和传染病防控领域的重大需求，自主研发了多种生物防护装备和关键技术，多项成果填补了国内空白，打破了西方发达国家的技术垄断和产品封锁，显著提升了中国生物安全设施、设备的自主创新能力和自主保障能力。成果包括病原微生物侦检技术与装备；设备防护屏障技术与产品；高效环保型消毒和废弃物处置新技术与装备；传染病员隔离转运技术与装备和生物安全保障技术平台等。

（五）工程化研发成果的应用与影响

一是为国家和军队重大生物安全工程建设提供了强有力的技术和装备支撑。生物安全型高效空气过滤装置、生物安全型密闭阀、生物安全气密门等成果成功应用于国内 80 余家生物安全三级实验室和 2 家生物安全四级实验室，占中国高等级病原微生物实验室数量的 80%，实现了高等级生物安全实验室关键防护装备由"进口依赖型"向"自主保障型"的转变。

二是在国家和军队应对新发突发烈性传染病、国家重大活动安保等重大任务中发挥了重要作用。移动式生物安全实验室、正压防护服、传染病员负压隔离转运舱等装备用于国家应对甲型 H1N1 流感、H7N9 禽流感等疫情防控，以及西非埃博拉病毒、亚洲莫斯病毒向国内输入的防控，并为北京奥运会、上海世博会、天津达沃斯论坛、南京青奥会、广州亚运会等国家重大活动提供了生物安全装备保障。

三是为构建全球生物安全命运共同体提供了技术和装备支撑。2014 年"援非抗埃"期间，移动式生物安全三级实验室赴塞拉利昂出色完成了埃博拉病毒应急检测任务；正压防护服、负压隔离处置帐篷、负压隔离转运舱等成果应用于西非埃博拉疫区，为中国援塞医疗检测队和维和医疗分队筑起生命屏障；国产生物安全型高效空气过滤装置和生物型密闭阀成功应用于中国援塞拉利昂固定式生物安全三级实验室建设。2017年"援非抗埃"期间，国产手套箱式隔离器和气体二氧化氯消毒机应用于中国驻塞拉利昂热带传染病监测中心。2017年11月，国产大型染疫动物高温碱水解无害化处理设备出口古巴，应用于中国援建古巴LABIOFAM公司疫苗生产车间和生物安全实验室建设项目。2018年1月，应用国产生物安全型高效空气过滤装置和生物型密闭阀的"中国—哈萨克斯坦农业科学联合实验室"在哈萨克斯坦完成工程验收。以上装备为构建全球生物安全命运共同体提供了技术和装备支撑，获国际高度赞誉。

三、国家生化工程技术研究中心

国家生化工程技术研究中心于1996年获批组建，经过20多年的建设，中心已发展成为目前国内工业生物技术领域基础研究与应用结合最紧密、研究方向最齐全、研究实力最强、产业化成果最多的团队之一。中心现拥有实验场地约8200 m^2，建成具有完备的七大专业研发平台和四大不同规模的中试基地，具有国内领先的科研条件和能力。中心所在学科入选国家重点学科、江苏省优势学科，中心团队获科技部国家优秀执行团队奖，教育部创新团队等称号，中心也作为重要的协同单位入选国家首批协同创新中心和江苏省首批协同创新中心。

（一）研究领域

中心主要从事生物催化多样性的研究、生物催化剂的快速改造技术、生物催化技术研究和生物分离工程新技术研究等；已建成了较完善的工业生物技术研究体系，在生物能源、生物材料、大宗化学品和精细化学品等研究领域独树一帜。

（二）人才队伍

国家生化工程技术研究中心拥有一支以教授、副教授、博士、硕士为主的高素质、经验丰富、年龄、专业结构合理的工程化开发能力强的专业技术队伍。利用中心强大的软硬件优势，大力加强生化工程领域高级人才的培养，并通过各种形式对相关行业的技术人员进行各类培训，为国家培养科技型的企业经营管理人才和企业型的科技经营管理人才。迄今共培养博士后 3 人、博士 40 人、硕士 249 人，在读博士后 3 人、博士生 39 人、硕士 150 人；积极为企业培训各类人才 300 余人，举办各类学习培训班数十次，对企业进行专题培训或全面技术培训，培训人员达 200 余人。

（三）科研成果

中心在科技部的领导下，组织全国专家完成了 863 计划中工业生物技术的项目建议、立项和启动工作；作为技术部门，近 5 年来，承担了 973 项目、863 项目、国家重点科技攻关项目、国家自然科学基金项目等 20 余项，省部级项目和企业委托项目近 100 项，年科研经费近 2000 万元；中心先后获得国家科技进步一等奖、国家科技进步二等奖、国家"八五"科技攻关重大科技成果奖、中国化工科技进步一等奖、何梁何利科技进步奖、美国杜邦科技进步奖等国内、国际大奖 12 项。

（四）工程化成果

在产业化方面，中心完成了果糖二磷酸、核苷酸、苹果酸、丙氨酸和多肽等多个项目的产业化，取得了良好的经济效益和社会效益。面对国家能源紧张、资源破坏和环境污染等问题，作为国家创新体系的重要组成部分，国家生化工程技术研究中心与中国石油化工集团公司合作成立了南京工业生物技术联合研究开发中心，以及在江苏省政府的支持下成立了江苏省工业生物技术创新中心，在国内率先从事生物质资源代替化石资源和生物基化学品等生物制造的研究。中心真正起到了国家工程技术研究中心应有的引导行业技术进步、推动行业发展的作用。

中心建立了生物催化多样性的研究平台、生物催化剂的快速改造技术平台等较完整的工业生物技术研究平台及不同规模的中试线，已建成了较完善的工业生物技术研究体系和研究团队，在生物能源、生物材料、大宗化学品和精细化学品等领域已取得了不俗的成绩。

（五）工程化研发成果的应用与影响

中心在长期的科研工作中形成"工程中提炼科学问题，基础研究解决关键技术"的研究特色，建立"科学基础—工程技术—产品工程"三位一体的研究模式。在基础研究领域，率先在国内提出辅因子代谢系统调控及优化的理念；在关键技术方面，基于仿生学的原理，开发了首个工业应用的基于微生物集群效应的生物催化体系；在生物基材料方面，建成国内规模最大的生物基无毒增塑剂及其衍生物连续生物制造生产线；在生物环保领域，筛选培育了多种针对不同恶劣环境的微生物高效菌剂，开发了无污泥的新型污水处理技术；在国家重大需求方面，中心开发了系列核心关键技术，并在生物质资源化利用、生物尼龙系列化合物、生物环保等领域实现应用；在农林废弃物秸秆的资源化利用方面，提出了首个经济效益可行的秸秆综合利用方案。中心未来将面向秸秆等低劣生物质利用、工业污水处理、生物基材料、生物农业等国家重大产业需求，继续开展从基础理论到关键技术的研究，提升现有的产业结构，实现低碳经济，发展绿色工业，为社会的可持续发展提供支撑和保障。

第四章　国家工程研究中心

国家工程研究中心是面向国家重大战略任务和重点工程建设需求，开展关键技术攻关和试验研究、重大装备研制、重大科技成果工程化实验验证，突破关键技术和核心装备制约，支撑国家重大工程建设和重点产业发展的技术创新与成果转化类国家科技创新基地。本章主要对生物技术领域国家工程研究中心的基本情况进行梳理、介绍。

第一节　基本情况

截至 2017 年 12 月，中国共有 127 家国家工程研究中心，其中生物技术相关国家工程研究中心 25 家，占比近 20%。鉴于国家工程研究中心是联系科技与经济的重要纽带的功能定位，该类中心主要依托于企业，共 19 家，占比高达 76%；依托于高校的有 3 家，占比为 12%；依托于科研院所的有 2 家，占比为 8%；此外，另有 1 家（4%）依托于高校和企业（图 4-1）。

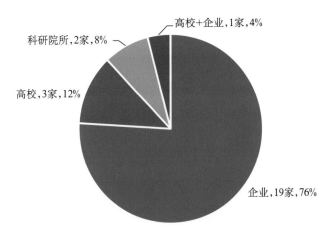

图 4-1　生物技术领域国家工程研究中心依托单位分布

一、地域分布

截至 2017 年 12 月，从地域分布来看，华北、华东各 8 家，华南 3 家，西南、华中、东北各 2 家，西北尚无布局（图 4-2）。华北和华东主要集中在北京（6 家，占 75.0%）和上海（5 家，占 62.5%）2 地。

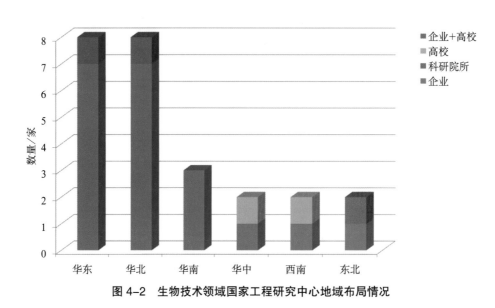

图 4-2　生物技术领域国家工程研究中心地域布局情况

二、领域分布

截至 2017 年 12 月，从研究领域分布来看，药物研发领域相关的国家工程研究中心共 11 家，占比最大（44%），其中，5 家与生物制药技术相关，包括抗体药物、基因工程药物、蛋白质药物、新型疫苗和微生物药物等；4 家与中药研发技术相关，包括中药制药技术、中药固体制剂、中药分离纯化及中药复方新药等研制技术；2 家从事药物制剂及手性药物研制等关键技术。农业生物技术领域，利用生物技术进行研制与产业化的占 5 家，分别是生物饲料开发、动物生物制品研制、农业多样性应用技术、大豆杂交与分子发育及微生物农药的研制等；生物工程领域，从事生物芯片、发酵技术、组织工程等关键技术研发的占 4 家；生物医学领域，从事细胞治疗产品研发的占 2 家，从事海洋生物技术的占 1 家。

三、主要职责和任务

国家工程研究中心是国家创新体系的重要组成部分，在《国家工程研究中心管理办法》中明确界定了国家工程研究中心的主要职责和任务。

①根据国家和产业发展的需求，研究开发产业技术进步和结构调整急需的关键共性技术。

②以市场为导向，把握技术发展趋势，开展具有重要市场价值的重大科技成果的工程化和系统集成。

③通过市场机制实现技术转移和扩散，持续不断地为规模化生产提供成熟的先进技术、工艺及其技术产品和装备。

④通过对引进技术的消化吸收再创新和开展国际合作交流，促进自主创新能力的提高。

⑤提供工程技术验证和咨询服务。

⑥为行业培养工程技术研究与管理的高层次人才。

第二节　典型国家工程研究中心

一、生物芯片上海国家工程研究中心

生物芯片上海国家工程研究中心是发展改革委 2001 年投资 2.9 亿元重大专项成立，占地约 4.3 万 m^2，陈竺院士、杨胜利院士、华裕达先生（原上海市科委主任）为初始人，是中国在基因组学、高通量生物芯片、分子医学大数据领域投资规模最大的生物高科技代表单位之一。由上海市政府下属上海科创投资集团、中国科学院上海生命科学研究院、中国科学院上海微系统与信息技术研究所、复旦大学、交通大学、上海第二医科大学附属瑞金医院、中国人民解放军海军军医大学附属东方肝胆医院、国家人类基因组南方研究中心等 11 家单位联合组建。中心为国家博士后流动站。现有员工 460 人，海归 10 余人、博士 20 余人（博士后 5 人），硕士 52 人，其中，拥有高级职称 6 人，中级职称 29 人。首席科学家是陈竺院士，专家委员会主任是杨胜利院士，中心主任是郜恒骏教授。

（一）研究领域

中心以功能基因组为基础，开展生物芯片应用技术研究和产品开发，成为国内最重要的生物芯片技术开发基地。公司致力于疾病相关基因研究和基因芯片新技术在人类健康领域的应用。

（二）科研成果

中心牵头承担国家"十五""十一五""十二五""十三五"系列科技重大专项，如"十五"863功能基因组与生物芯片，"十一五"863胰腺癌基因组、卫生部肝癌组织芯片分子标记物筛选，"十一五"863胃癌易感基因与幽门螺杆菌耐药基因联合检测等重大项目。与中国人民解放军海军军医大学附属东方肝胆外科医院及长征医院、复旦大学附属中山医院、上海市肿瘤研究所、上海交通大学医学院附属仁济医院合作，牵头承担了国家"十二五"重大专项"肝癌早期分子诊断与个体化诊疗分子标志物群的大样本验证与产业化"。与解放军总医院等联合承担了"十三五"精准医疗"中国重大疾病与罕见病生命组学大数据"重点项目。另外，还承担上海市、浦东新区政府多项重大与重点项目，如上海张江生物银行重大专项。项目经费共计6亿余元。

中心拥有48项发明专利，50项软件著作权，1项版权，8项商标权，主编专著4部，参编3部。获得上海市、浦东新区政府一等奖1项、二等奖3项、三等奖2项。

中心与全国大学、研究院所及各大医院开展了数千项的合作研究，论著发表在诸多国际顶尖、著名期刊上，如 *Science*、*Nature*、*Cell*、*Cancer Cell*、*PNAS*、*JCO*、*Gastroenterology*、*Gut* 等，影响因子逾12 000。中心在16年的研究中积累了大量的研究数据，逐步建立起大数据中心，挖掘出一系列有临床应用价值的分子标记物和药物靶标。自主研发肿瘤组织芯片、cDNA组织芯片1000余种，获得上海市、国家重点新产品各1项。上海市A级高新技术成果转化2项。

（三）工程化成果

中心为全国数千家医院、大学、研究院所开展了3000余种分子标记物筛选、验证研究工作，并积极创造条件开发分子诊断标记物与药物靶点。20余个创新型医疗器械产品在研，获得国家 cFDA 药证 1 项、医疗器械证 4 项，获得特别审批创新通道 1 项、中检所检验合格 5 项。同时，建立了芯超医学（上海、中国医药城、重庆）等 5 个医学检验所，均获得国家医疗执业许可及国家基因扩增实验室 PCR 资质论证，获得发展改革委基因检测中心资质 1 个。主要开展高端、特色分子检测项目，如幽门螺杆菌耐药检测等。

（四）工程化研发成果的应用与影响

中心 16 年来通过创新发展，积极打造分子诊断产业基地，建立分子诊断转化研究中心，对接临床与基础科研创新成果，通过转化医学研究，转化为临床产品，为患者服务。中心构建了芯超生物样本库（上海张江生物银行）、芯超生物、芯超诊断、芯超医学、芯超美国五大技术与产业平台及完整的产业链，成为国际知名的国家工程研究中心。创新性地提出"以患者为中心"新型临床医学学科建设整体解决方案：8P 临床转化医学，倡导生物样本学。应邀在 100 多家全国三甲医院作"生物样本科学""8P 临床转化医学""精准医学：路在脚下"特邀专题报告。走通了从"样品"到"产品"快速转化研究与精准医疗通道。

二、动物用生物制品国家工程研究中心

动物用生物制品国家工程研究中心（又名哈尔滨国生生物科技股份有限公司，以下简称"工程研究中心"）是经国家发展和改革委员会于 2008 年批准，以动物用生物制品国家工程研究中心项目立项，由中国农业科学院哈尔滨兽医研究所牵头（2580 万元，占股 31.42%），联合中国兽医药品监察所（2580 万元，占股 31.42%）、哈尔滨维科生物技术开发公司、北京中海生物科技有限公司、哈药集团有限公司等企事业单位，共同组建的、具有独立法人资格的科技型企业，注册资本 8213 万元。2017 年 12 月，工程研究中心通过了农业农村部诊断制品兽药 GMP 生产车间复验。

作为动物生物制品行业内的国家级研究中心，工程研究中心建立了动物疫苗研发技术平台、动物疫病诊断试剂研发技术平台、动物生物制剂研发技术平台、动物用生物制品产业化技术平台、动物用生物制品检验技术平台和实验动物技术服务平台，共 6 个技术平台。工程研究中心的建设目标是，通过开放性研发平台的建立，使工程研究中心成为国内领先、国际先进的动物生物制品新成果的聚集地和生物制

品工程技术组装配套的辐射源，成为动物生物制品新产品的创新基地、孵化基地和示范性生产验证基地，成为动物用生物制品研发人才的合作场、创业场和集散地。

工程研究中心的主要任务是，紧紧围绕国家重大动物疫病和人畜共患病防控的总体目标，突破关键共性技术、增强产业核心竞争力和发展后劲，搭建产业与科研之间的桥梁，对具有市场前景的重大科技成果进行完整的工程化和集约化研究开发；完成动物生物制品科技成果从实验室研制、中试，到标准化、工业化生产，实现科技成果的快速转化，创新科技体系，引领行业发展，全面提升中国动物生物制品研发的自主创新能力和整体水平。

（一）研究领域

中心专门从事动物生物制品的研发、生产、销售、技术咨询与服务，在自主研发的同时，广泛开展学术合作，重点对中国农业科学院哈尔滨兽医研究所等科研院所和高等院校的科技成果进行孵化、转化及孵化后的推广转让。

（二）科研成果

中心长期致力于动物生物制品科学研究，积极申报科研项目，累计获得资助项目 16 项，获批项目经费 2000 余万元。其中，作为子课题主持单位参加国家科技支撑计划项目 2 项、国家重点研发计划专项 3 项；自主申请科技部火炬计划项目 1 项、兽医生物技术国家重点实验室开放基金 1 项、黑龙江省出国人员留学基金 1 项；合作申请 984 项目 1 项、黑龙江省科技项目 3 项、哈尔滨市科技项目 3 项；合作研发项目 1 项。

（三）工程化成果

到目前为止，工程研究中心共对 63 项动物用新型高效疫苗和诊断试剂（疫苗项目 24 项、诊断试剂 39 项）进行了筛选，开发鸡新城疫、法氏囊和病毒性关节炎三联灭活疫苗、猪伪狂犬病灭活疫苗、猪伪狂犬病弱毒活疫苗等 24 项动物疫苗，进行临床申报材料共 12 项，其中，获得临床试验批件 4 项，等待结果 6 项，提交新兽药注册材料 10 项。研制布鲁氏菌 cELISA 抗体检测试剂盒、猪繁殖与呼吸综合征病毒 ELISA 抗体检测试剂盒、禽白血病病毒群特异性抗原 ELISA 检测试剂盒等 39 项检测和诊断试剂，其中，获得新兽药注册证书 4 项，获得复核检验通知书 2 项，获得初审意见 4 项，通过形式审查 8 项。2018 年 1—6 月累计签订各类技术合同 10 项，其中技术开发（合作）合同计 7 份，技术转让（技术秘密）合同 3 份，实现成果转化收入 756 万元。与中国兽医药品监察所联合研发的鸡新城疫、传染性法氏囊、病毒性关节炎三联灭活疫苗项目于 2018 年 4 月 12 日获得新兽药证书，并实现了部分成果转化收入。

（四）工程化研发成果的应用与影响

动物实验中心是全国第一个专门从事动物感染实验，第一个配备正压运输车的 CRO 服务机构，是中国兽医药品监察所兽用生物制品质量复核定点动物实验单位，可以提供从实验动物到动物实验、从实验室实验到田间实验、从转基因评价到临床实验、从技术咨询到样本检测和综合性数据分析的全平台 CRO 服务机构。

工程研究中心在动物生物制品疫苗类和诊断试剂类的实验室研发和工艺放大等技术领域确立了国内领先的地位，建立了动物用生物制品研发、中试、工程化和检验检测等完整的技术创新体系。

第五章 国家临床医学研究中心

国家临床医学研究中心是面向中国重大临床需求和产业化需要，以临床应用为导向，以医疗机构为主体，以协同网络为支撑，开展临床研究、协同创新、学术交流、人才培养、成果转化、推广应用的技术创新与成果转化类国家科技创新基地。

建设国家临床医学研究中心是强化中国医学创新能力的重要举措，是加快中国卫生与健康科技成果转化的有效途径，也是实现健康中国战略目标的有力支撑。本章主要对中国已布局建设的国家临床医学研究中心的基本情况进行梳理。

第一节 基本情况

《国家临床医学研究中心五年（2017—2021年）发展规划》提出，到2021年年底，针对重大需求，中国将在主要疾病领域和临床专科统筹建成100家左右的临床中心，引导建设分中心，针对区域特有重大疾病建设省部共建中心，鼓励各地方开展省级中心的建设，完善领域与区域布局。

截至2017年12月底，科技部等管理部门共布局建设32家国家临床医学研究中心，覆盖11个疾病领域，构建了包含9446家网络成员单位的协同创新网络。根据发展规划，管理部门还将在已有布局基础上，在感染性疾病、儿童健康与疾病、出生缺陷与罕见病、眼耳鼻喉疾病、免疫与皮肤疾病、中医等24个领域增设国家临床医学研究中心100家左右，以满足中国卫生与健康事业发展需求。目前，中国正在布局第四批国家临床医学研究中心。

一、地域分布

截至2017年12月，32家国家临床医学研究中心分别依托29家三甲医院，分布于北京、上海、湖南、四川、广东、湖北、江苏、陕西、天津9个省或直辖市，其中半数国家临床医学研究中心设在北京（图5-1）。

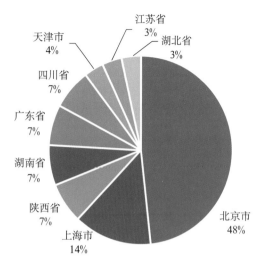

图 5-1 国家临床医学研究中心依托单位地域分布

二、领域分布

截至 2017 年 12 月，国家临床医学研究中心建设形成了心血管系统疾病（2 个）、神经系统疾病（1 个）、慢性肾病（3 个）、恶性肿瘤（2 个）、呼吸系统疾病（3 个）、代谢性疾病（2 个）、精神心理疾病（3 个）、妇产疾病（3 个）、消化系统疾病（3 个）、口腔疾病（4 个）、老年疾病（6 个）共 11 个疾病领域的总体布局（图 5-2）。

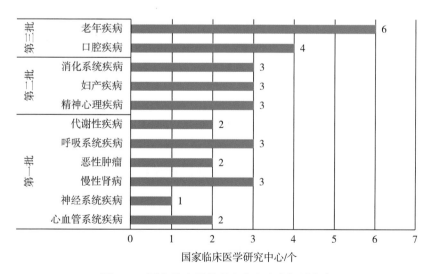

图 5-2 国家临床医学研究中心疾病领域分布

三、主要职责和任务

根据《国家临床医学研究中心管理办法》的有关规定，国家临床医学研究中心主要职责和任务包括以下内容。

①紧密围绕本领域疾病防治的重大需求和临床研究中存在的共性技术问题，研究提出本领域研究的战略规划和发展重点。

②与其他医疗机构和相关单位搭建协同创新网络，负责网络成员单位的绩效考核，培育临床研究人才。

③组织开展大规模、多中心的循证评价研究，开展防、诊、治新技术、新方法的研究和应用评价，开展诊疗规范和疗效评价研究，开展基础与临床紧密结合的转化医学研究等。

④搭建健康医疗大数据、样本资源库等临床研究公共服务平台。

⑤研究提出诊疗技术规范建议和相关政策建议，供行业主管部门参考。

⑥组织开展研究成果推广应用，提升本领域疾病诊疗技术水平和服务能力。

⑦部分重大疾病领域的中心在不同的地区建设分中心。

第二节　典型国家临床医学研究中心

一、国家呼吸系统疾病临床医学研究中心

国家呼吸系统疾病临床医学研究中心(广州医科大学附属第一医院)是首批13家国家临床医学研究中心之一，现任中心主任是钟南山院士。该中心以建设具备国内领先、国际一流的创新成果转化基地为战略定位，以呼吸疾病为核心，医疗大数据为支撑，组织全国/区域的临床防治队伍，开展成果双向转化与普及推广双管齐下的防诊治研究。是集中全国呼吸疾病领域专科优势资源，搭建覆盖全国呼吸专科领域和辐射全国的中心—分中心—网络单位3级临床医学研究网络，形成34家分中心+1个产学研基地及覆盖全国的600家网络成员单位点—线—面相结合的临床医学研究网络。

（一）研究方向

该中心着眼国家呼吸疾病防控的重大需求，提出疾病防治战略重点，搭建临床研究协同创新平台，建立共享机制、落实运行管理，协调分中心及网络成员单位，组织开展国内外多中心临床研究并加强质量控制，完善中国呼吸疾病诊治临床路径、技术规范和编制系列呼吸疾病诊治指南和专家共识，组织指导服务临床应用并向基层进行适宜技术推广，积极推进产学研平台创新和成果转化。

（二）科研成果

1. 揭示新发流感等机制、显著提高救治成功率

中心协同临床医学、病毒病原学、免疫学及药理学等多学科交叉、集成创新，全面揭示了中国新发流感临床发病及诊治规律，实现重症患者救治成功率逾83%，达到国际先进水平。

2. 创新提出慢阻肺早期治疗新战略

通过多中心协同研究首次在国际上证实：对症状极少或无症状的早期慢阻肺患者进行早诊早治，能显著改善肺功能、提高生活质量和减少急性加重，并延缓甚至逆转病程发展，创新性提出对当前国际上以症状治疗为核心的落后治疗理念的治疗策略变革。

3. 中国哮喘的流行特点与精准诊治

阐明了中国哮喘的患病率逐年增高主要发生在对尘螨过敏的人群，确立了尘螨等过敏原在过敏性疾病中的重要作用，以全基因组测序解析屋尘螨和粉尘螨的基因组图谱，发现并命名新的重要过敏原（泛醌细胞色素 C 还原酶结合蛋白"Der f 24"）。

4. 慢性咳嗽疾病诊治

协同中心完成了国际首个、迄今纳入病例数量最多的多中心慢性咳嗽病因研究，发现嗜酸粒细胞性支气管炎（EB）是中国慢性咳嗽常见病因；通过长期的随访研究，发现 EB 是否为独立的疾病的争议；首次提出 IFN-γ 是提高咳嗽敏感性的分子基础，从而揭示了病毒感染引起咳嗽的部分机制。

5. 创建早期肺癌术后复发风险预测模型

中心联合美国加州大学旧金山分校根据 11 个关键预后基因的表达构建风险模型，是迄今国际最大型的肺癌生物标志物风险预测模型，且经过国际多中心验证，重复性高，临床应用价值大。中心建立了基于肿瘤大小、病理类型、干预措施等相关临床特征构建的简便、价廉、易推广的预后模型 (Nomogram)，可快速获得预计生存率，降低风险预测的成本，便于临床医生使用。

（三）适宜技术／诊疗指南推广情况

中心在 2015 年启动肺功能检查与临床应用规范化培训项目，开展覆盖全国范围的肺功能规范化培训，全面提高中国肺功能检查质控水平；创新性建立自主呼吸麻醉微创胸外科治疗技术，手术过程中避免使用肌松药，患者能够保持自主呼吸，术中镇痛效果更好，也更有利于患者的术后恢复，减少了并发症，缩短了住院时间，降低治疗费用，已在国内外推广。中心牵头成立了中国咳嗽联盟，牵头修订了中国《咳嗽的诊断与治疗指南》（中华结核和呼吸杂志，2016）。

（四）产学研转化

创立近 20 家创业企业，形成 1 位万人计划入选者（其中，2 人为国家"杰青"）、5 个广州市创业领军人才团队为核心近 300 人产学研创业队伍，形成了一批原创型成果，申请国家专利近 100 项；研发了一批新型医疗器械产品（红外线下肢静脉血栓检测仪、3D 裸眼胸腔镜、一管多个病毒快速诊断技术、胸腔镜外科器械和呼吸诊疗空气净化设备等）。

中心创新了全国主要呼吸疾病协同研究大数据管理模式；建立了重大呼吸道传染病的国家战略防控中心及防控网络；建立了全国性呼吸疾病临床研究协作中心平台；制定中国《慢阻肺药物临床试验规范》；建立了中国呼吸疾病的规范化诊治体系、急性及危重症肺损伤的临床防控救治体系。

二、国家心血管疾病临床医学研究中心

国家心血管疾病临床医学研究中心（中国医学科学院阜外医院）坚持以国家重大需求、成果转化与应用为导向展开研究布局，提高心血管疾病防控能力。中心旨

在为心血管疾病的行业策略和卫生政策制定提供战略性建议和依据。一方面，瞄准临床实践面临的关键问题，提出科学的解决方案，出指南、出规范、出产品，从而改善民众健康，降低心血管疾病负担；另一方面，着力打造可以持续产出可靠临床证据的平台，以及研究协同网络和成果推广网络。中心建有专业化人才团队，作为唯一的国家级"心血管疾病临床研究创新团队"，现有双肩挑领军人才20多人，以及多专业的全职临床研究人员近200人。

（一）研究方向

研究方向主要包括药物及器械临床试验、医疗质量评价与改善研究、大型前瞻人群和患者队列研究、医学大数据和生物样本库深度挖掘利用、疾病防控策略及卫生经济学评价研究，以及新机制、新药物、新器械、新技术研究等。

在临床研究工作中，中心既引领诊疗前沿新技术新产品的研发和评价，同时又更加注重对常见临床策略进行应用合理性评价和改善，将临床结局事件为评价终点的大规模临床试验、全国性多中心医疗结果评价和质量改善研究、大规模人群队列和生物银行研究作为重点领域，着力扭转"无据可依"与"有据不依"的临床现状。

（二）科研成果

中心建立4年来，承担国家级临床研究课题20余项，总经费近10亿元，发表临床研究论著1501篇，其中SCI文章627篇，累计影响因子2176。研究成果包括首次提出学习型医疗体系，为卫生政策制定和诊疗策略选择持续提供证据；China PEACE研究被视为中国在改善医疗质量方面具有里程碑意义的一步；明确心脏手术围术期使用他汀不能预防房颤，反而增加肾损伤，为临床科学用药提供证据；全面深入评价中国基层医疗结构能力，为国家基层高血压管理"五统一"等政策出台奠定基础。

（三）适宜技术／诊疗指南推广情况

1. 面向全国各级医疗卫生机构，开展心血管诊疗技术培训

中心坚持作为心血管病诊疗的旗帜，建成国家级培训基地，以及"中国心脏大会"和《中国心血管病报告》等品牌窗口，引领全国医疗工作者临床能力建设，每

年培养来自全国超过 250 家心脏诊疗中心的临床进修人员近千人，开展针对临床医师的国家级继续医学教育项目 45 项，惠及心血管疾病临床医师接近 40 000 人，有力带动了中国心血管诊疗技术的规范应用。

2. 开展临床研究方法培训，提升中国整体临床研究水平

自 2015 年开始，中心主办面向全国的"临床研究培训项目"，已培训临床研究骨干超过 2300 人，对提高中国心血管领域的临床研究水平发挥积极的推动作用，并在行业内起到辐射和带动效应。2018 年，中心成为国家临床医学研究协同创新联盟的培训基地，将牵头快速推进符合国际标准且基于国内实践经验的临床研究方法学培训，提高中国临床研究整体能力，打破制约服务提质增效和医药研发评价的证据瓶颈。

（四）产学研转化

中心不仅始终引领国内心血管诊疗技术的发展，也在全球创新性地开展了众多新技术，如针对冠心病、心力衰竭等心血管常见病和重症病，优化和创新建立了心内膜环缩改良左室成形、冠脉搭桥同期自体干细胞移植、心室辅助和体外膜肺氧合围术期应用、"生物辅助泵"并体心脏移植等关键治疗技术，治疗成功率和患者长期预后已占据世界领先地位。

中心针对心血管疾病诊疗中常用的冠脉支架、人工瓣膜、人工心脏等重要器械开展全链条创新性研发，在可吸收支架、磁悬浮离心泵人工心脏等领域突破关键技术，引领国际前沿。其中，自主研发的磁悬浮轴流泵"人工心脏"已用于救治 3 例危重患者，并获得成功；可吸收支架等产品也通过了在中国患者人群当中长期随访的临床评价。

第六章　国家国际科技合作基地

国家国际科技合作基地（以下简称"国合基地"）是指由科技部及其职能机构认定，在承担国家国际科技合作任务中取得显著成绩，具有进一步发展潜力和引导示范作用的国内科技园区、科研院所、高等院校、创新型企业和科技中介组织等机构载体，包括国际创新园、国际联合研究中心、示范型国际科技合作基地、国际技术转移中心等不同类型的国家级基地平台。

截至 2017 年 12 月，科技部认定的国合基地包括 29 家国际创新园（生物技术领域 5 家）、169 家国际联合研究中心（生物技术领域 58 家）、405 家示范型国际科技合作基地（生物技术领域 99 家），以及 39 家国际技术转移中心（生物技术领域 1 家）。本章主要对中国生物技术领域国合基地的基本情况进行梳理、介绍。

第一节　国际创新园

国际创新园是根据国家创新体系或区域创新体系建设目标，为有效利用全球创新资源，依托大型科技产业基地或园区，由科技部与省级人民政府共建的国际科技合作基地。

一、认定条件

根据《国家国际科技合作基地管理办法》，申报国际创新园的机构应满足下列条件。

①是领域或地区研发力量集聚的重要平台，机构发展方向与《规划纲要》确定的重点领域相一致，具有技术研发、智力引进、技术转移、技术产业化等多种功能和条件。

②具有完整、可行的发展规划，以及明确的国际科技合作发展目标和体现管理

创新的实施方案。

③建立有完善的国际科技合作管理机构，具有相应的政策、制度、资金和服务保障体系。

④与国外政府、知名企业、研发机构等建立有长期稳定的合作关系，所开展的高水平国际科技合作对国家科技发展具有引领、辐射和示范作用。

⑤可有效推进国际产学研合作，在提高科技创新能力、培育新的经济增长点和推动产业结构升级等方面取得显著成绩。

二、基本情况

科技部认定的5家生物技术领域国际创新园，包括北京国家生物医药国际创新园、国家生物医药国际创新园、厦门国家健康产业国际创新园、南昌国家医药国际创新园、海口国家绿色科技产业国际创新园。从区域分布来看，5家国际创新园中，华北（北京、天津）、华东（厦门、南昌）各2家，华南（海口）1家。从领域分布来看，4家集中在生物医药领域，1家从事大健康领域的分子诊断。从研发类型来看，5家国际创新园均从事产业化研究，其中位于北京和天津的2家国际创新园还从事相关应用研究（表6-1）。

表6-1　国际创新园目录

基地名称	依托单位	推荐部门	所在省、直辖市	机构类型	研发类型
北京国家生物医药国际创新园	北京经济技术开发区管理委员会	北京市科学技术委员会	北京市	科技园区	应用研究、产业化
国家生物医药国际创新园	国家生物医药国际创新园	天津市科学技术委员会	天津市	科技园区	应用研究、产业化
海口国家绿色科技产业国际创新园	海口国家高新区管委会	海南省科学技术厅	海南省	科技园区	产业化
南昌国家医药国际创新园	南昌高新技术产业开发区管理委员会	江西省科学技术厅	江西省	科技园区	产业化
厦门国家健康产业国际创新园	泰普生物科学（中国）有限公司	福建省科学技术厅	福建省	企业	产业化

三、典型国际创新园

（一）基本情况

国家生物医药国际创新园国合基地按照 2007 年科技部、原卫生部（现国家卫生健康委员会）、商务部、国家食品药品监督管理局和天津市政府签订的关于共同建设国家生物医药国际创新园的意见和总体定位，依托滨海新区，以国际生物医药联合研究院为核心和载体，全面推进健康天津建设，以提升自主创新和产业持续发展能力为目标，不断聚集国内外创新资源。近 5 年来，国际创新园攻克一批具有全局性、带动性的关键共性技术和核心技术，孵育一批拥有自主知识产权的创新型企业，形成一批具有国际竞争力的创新药物重大品种，全面提升产业创新发展能力。

（二）人才队伍

截至 2017 年 12 月，创新园国合基地不断完善创新体系的建设，优化产业政策环境，不断吸引和鼓励海内外创业领军人才来津创新创业，近 5 年内累计引进各类高层次创业人才 100 余名、研发团队 30 余个和一批重大生物医药产业化项目，有效推动了国内外创新团队的吸引和培养工作，国际创新园的人才聚集效应凸显，为天津市生物医药产业的创新发展奠定了坚实的人才基础。

（三）科研成果

通过与美国、英国、德国、加拿大等多个国家开展广泛的国际合作，科研成果不断涌现。承担了创新药物孵化基地建设、新药研发综合性大平台的建设和提升等一大批在国内外具有影响力的重点科研任务，累计承担国家科研项目 120 余项，累计获得中央财政经费约 3 亿元，吸引社会资金约 5.8 亿元。重组埃博拉病毒病疫苗获批上市，成为世界上第三个投入应用的埃博拉疫苗；抗癌新药 ACT001 获得了澳洲（包括澳大利亚和新西兰）新药临床试验批件，在澳大利亚墨尔本开展包括 Epworth 医院在内的国际多中心 I 期临床试验；自主研发的血管支架成为国内首个获得欧美发达国家进行临床试验批准的产品。

（四）国际合作

创新园聚集了英国、美国、德国等多家高端研发和孵化机构，建立专业的研发和成果转移转化基地，其中中英生物医药技术转化与产业化平台通过与英国"金三角"区域著名大学、科研机构、科技企业开展合作，初步搭建了中英医疗健康领域深入国际合作的"创新桥"，引进英国"便携式家用体外检测仪"等10多个产业化与区域机构合作项目。同时，支持建立包括天津医药集团美国神经干细胞和小分子药物美国研发中心、瑞奇外科美国微创外科手术器械研发中心、九安医疗美国和新加坡人口健康领域研发中心、康希诺加拿大创新疫苗研发中心等8个海外研发机构；支持建设法莫西医药中瑞小分子靶向抗癌药物开发联合研究中心、大天医工中荷神经康复工程联合研究中心等2个联合研究中心。

第二节　国际联合研究中心

国际联合研究中心是面向国际科技前沿，为促进与国外一流科研机构开展长期合作，依托具有高水平科学研究与技术开发能力的国内机构建立的国际科技合作基地。

一、认定条件

根据《国家国际科技合作基地管理办法》，申报国际联合研究中心的机构应满足下列条件。

①研发方向符合《规划纲要》中确立的重点领域，在前沿技术、竞争前技术和基础科学领域具有较强研发实力，是国家研发任务的重要承担机构，并多次承担国家国际科技合作专项项目和政府间科技合作项目。

②属于国内知名的重点科研机构、重点院校、创新型企业等单位，并具有与国外开展高水平合作研发的条件、能力、人才和经验。

③具有相对稳定的国际科技合作渠道，有条件吸引海外杰出人才或优秀创新团队来华开展短期或长期的合作研发工作，具有国际科技合作的良好基础。

④具有明确的国际科技合作发展目标和可行的合作实施方案，以及相对稳定的资金来源和专门的管理机构，同时对本领域或本地区开展国际科技合作具有引导和示范作用。

⑤有能力与世界一流科研院所、著名大学和高技术企业建立长期合作伙伴关系，能够使国外合作伙伴同时接受国际联合研究中心的资格认定。

二、基本情况

截至 2017 年 12 月，科技部共认定了 58 家生物技术相关国际联合研究中心。从地域分布来看，在全国七大地理区域均有分布，其中华北 20 家、华东 12 家、华中 10 家、东北 7 家、华南 4 家、西南 3 家、西北 2 家。国际联合研究中心主要以华北（北京）和华东（上海）等经济发达地区的高校和科研院所为主（图 6-1）。

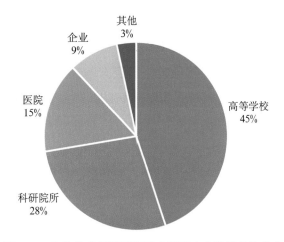

图 6-1　生物技术领域国际联合研究中心依托单位分布

从研发类型来看，国际联合研究中心从事基础研究的 14 家，占 24%；从事应用研究的 18 家，占 31%；同时从事基础与应用研究的 22 家，占 38%（图 6-2）；涉及产业化的仅 4 家（其中 2 家为企业），不足总数的 10%。

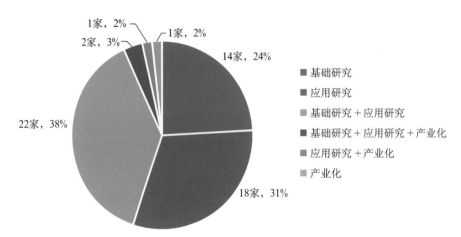

图 6-2　生物技术领域国际联合研究中心研发类型分布

从领域分布来看，医学、药物研发和基础生物学 3 个领域占国际联合中心总数近九成（图 6-3）。该类基地各大研究领域涵盖方向较为广泛：医学领域涵盖了从干细胞与再生医学、口腔医学、转化医学、疾病防治到生物靶向治疗等不同方向；药物研发领域涵盖了中医药、生物医药及创新药研发等；基础生物学领域涵盖了蛋白质组学、基因组学、微生物学、免疫学、发育与疾病及生物物理学等不同研究方向。

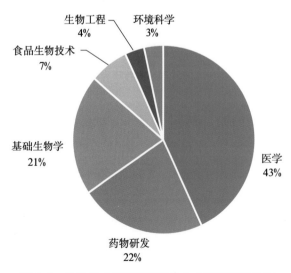

图 6-3　生物技术领域国际联合中心研究领域分布

三、典型国际联合研究中心

（一）转化医学与临床研究国际联合研究中心

1. 基本情况

转化医学与临床研究国际联合研究中心是北京大学医学部与多个知名大学联合建立的国际学术交流与发展平台。自 2010 年起，医学部与多个合作伙伴在平等互利的基础上，由双方机构或政府共同投入资金和管理，联合审批和启动科研项目，风险利益公担。以重大疾病防治、新药研制、医疗装备等国家重大需求为方向，以医学创新、临床应用和推广为目标，以转化医学和临床研究为重点，建立和发展了"一对多"的"共建、共管、共享"新型国际合作模式。分别于 2017 年 9 月和 2018 年 2 月，正式批准为教育部及科技部国际联合研究中心。

中心紧密围绕健康中国和创新驱动发展战略，利用北京大学学科全面的优势，打破基础医学、药学、临床医学与公共卫生学科间壁垒，为解决重大疾病防治难题，在医学技术、新药研发和装备研发等领域进行重点突破。研究的主要疾病方向有：心血管病、常见恶性肿瘤、脑与神经科学、肝及消化系统疾病、慢性呼吸道疾病、慢性肾脏疾病、遗传、环境与健康、口腔医学与生物工程、心理与精神卫生。

2. 人才队伍

优质的研究队伍保证了中心的科研水准：医学部拥有两院院士 14 人、"长江学者" 20 人、"百千万"国家级人选 10 人、重大科学计划首席 19 人、"杰青" 38 人等高层次人才百余名。

近 5 年来，借助该国际合作平台，已安排百余名科研人员及学生赴合作方进行长期及短期交流。推动"医学技术"新兴一级学科建设，对高端人才的培养将为转化医学和临床研究的创新发展提供技术保障，也将为中国医疗技术产业自主创新、引领医学未来发展奠定基础。

3. 科研成果

近 5 年来，中心共牵头科技部国际合作项目 6 项、国家自然科学基金委员会国际合作项目 26 项。目前正在牵头承担国家自然科学基金委员会、美国国立卫生研究院（NIH）及企业资助国际合作项目 13 项。

中心在恶性肿瘤分子生物学及队列研究、干细胞治疗、心脑血管疾病病因及诊断、口腔数字化医疗、辅助生殖及生育健康、丙型肝炎进展预测、慢性阻塞性肺疾病微生物组学及代谢组学、小儿癫痫的遗传因素、慢性肾脏病进展相关分子机制、冠心病与脂代谢、个性化3D打印等方面取得重要进展。

中心启动了北京大学区域受试者保护体系和伦理建设项目，获得美国AAHHRP复核完全认证，是中国大陆地区唯一一家通过该认证的大学，将对临床研究提供有力的伦理支撑。

4. 国际合作

截至2018年6月，由医学部及共建大学出资，中心共联合审批和启动了53个国际合作项目，联合在 *Nature*、*Science* 等国际顶尖杂志上发表文章46篇，平均影响因子6.8。每年举办北大医学国际论坛10余期，搭建国际学术交流平台。

中心建设模式、成果和经验得到国际同行重视，受邀在美国医学中心联盟年会及NIH年会进行交流，*Academic Medicine* 杂志也刊登了中心成功的国际合作经验。通过多年的建设发展，向合作方展示了中国的科研实力及良好的科技政策，提升了中国医学研究在国际上的话语权。

（二）机器人微创心血管外科国际联合研究中心

1. 基本情况

机器人微创心血管外科国际联合研究中心依托解放军总医院建设，在微创心脏外科领域开展了中国第一例全机器人不开胸微创心脏手术，开创了中国机器人微创心脏外科领域的先河。中心目前能够完成所有种类的机器人心脏手术，其中7种手术为国际首创，是全球能够完成机器人心脏手术种类最多的单位，手术数量和质量居于国际领先地位。同时，中心还创建了机器人微创心脏手术理论体系，制定了中国《机器人心脏手术技术规范》和《培训管理规范》，相关内容写入了中国外科领域的权威著作《黄家驷外科学》，带动了机器人外科技术在中国肝胆外科、泌尿外科、普通外科、妇产科和胸外科等领域的广泛应用和迅速发展。原国家卫生部、原解放军总后勤部、原总参谋部和美国达芬奇机器人公司总部正式批准在解放军总医院成立了"国际机器人心脏外科合作与研究中心""国际达芬奇机器人外科培训基地""机器人心脏手术培训基地"和"全军机器人外科培训基地"。中心先后为日本、中国香港、新加坡和巴西等 15 支机器人心脏外科团队完成了培训，并与美国东莱罗纳等心脏外科中心建立了长期合作关系。中心连续主办了 4 届"北京国际机器人心脏外科手术演示与专题研讨会"，成为国内外机器人外科领域重要品牌性学术会议。

2. 人才队伍

中心在人才培养方面采取双向机制，建立了国际联合培养机制，每年中心都选派优秀的青年医师前往美国、德国等国家的著名学府等进行参观访学，吸收学习国外微创科学研究的新理念和技术，拓展了学术视野。同时，中心先后聘请 Johannes Bonatti（美国克利夫兰医学中心阿布扎比分院）、Walter R. Chitwood（美国东卡莱罗那心脏研究所）、Lawrence H.Cohn（美国哈佛大学医学院）、Rakesh M. Suri（美国克利夫兰医学中心阿布扎比分院）等国外知名专家作为客座教授，并建立了定期邀请来访讲学机制，通过介绍学科前沿进展既丰富了中心工作人员的学术知识又创新了工作思路。此外，中心还引进了从牛津大学毕业归国的博士研究生张华军，作为青年人才骨干，将国际顶尖学府牛津大学的工作作风和科研精神带到了本中心。

3. 科研成果

近 5 年来，中心共牵头科技部国际合作项目、国家自然科学基金委员会国际合作项目多项。学科带头人高长青院士创建了亚洲机器人外科学会并担任主席，另担任国际微创机器人学会常委、国际微创胸心外科学会成员、美国胸心血管外科学会和美国胸外科医师学会会员、美国机器人外科学会常委、日本机器人外科学会国际顾问及美国机器人外科杂志共同主编等重要职务。2017 年 9 月，中国医师协会机器人外科医师分会成立，高长青院士当选首任会长。出版了英文专著 *Robotic Cardiac Surgery* 和中文专著《机器人外科学》。获国家 863 计划课题、军队临床高新技术重大项目等课题资助，经费 1200 万元。以机器人技术为核心的"微创外科技术治疗心脏及大血管疾病"获 2012 年度国家科学技术进步一等奖。

4. 国际合作

作为中国机器人微创外科的开拓单位，近 5 年来，中心先后挂牌成为"国际机器人心脏外科培训基地""国家卫生部机器人心脏外科培训基地及全军机器人外科培训基地"，先后为来自日本、巴西、墨西哥、新加坡、韩国等 15 家心脏外科团队进行了系统手术培训，颁发了培训合格证书，得到了这些国际团队的高度评价，大大提升了中国临床医学在国际上的声誉和地位。中心现年均接收 3 ~ 5 批次国际团队前来学习、培训。2008 年成功举办了首届"北京国际机器人心脏外科手术演示及专题研讨会"，截至 2017 年年底，已成功举办了 4 届，邀请到了目前国际上从事机器人心脏微创手术的几乎所有知名专家，会议在国际机器人外科领域引起巨大反响。

第三节　示范型国际科技合作基地

示范型国际科技合作基地是积极开展国际科技合作，并取得显著合作成效及示范影响力，依托国内各类机构建立的国际科技合作基地，是国际合作基地建设全国布局、统筹发展的基础性力量。

一、认定条件

根据《国家国际科技合作基地管理办法》，申报示范型国际科技合作基地的机构应满足下列条件。

①具有独立开展国际科技合作的条件和能力，承担过国家级或省部级国际科技合作项目，研发方向与《规划纲要》中确立的重点领域相一致。

②具有相对稳定的国际科技合作队伍、渠道和资金来源，设有专职开展国际科技合作的管理机构和管理人员。

③具有明确的国际科技合作发展目标和实施方案，并积极在现有合作基础上不断拓展国际合作渠道，深化合作内涵。

④已取得显著的国际科技合作成效，合作成果具有国内领先或国际先进水平，人才引进成效明显。

⑤对本地区、本领域或本行业国际科技合作的发展具有引导和示范作用。

二、基本情况

截至 2017 年 12 月，中国已被认定的生物技术类示范型国际科技合作基地共有 99 家，约占示范型国际科技合作基地总数的 1/4。从地域分布来看，华北 24 家、华东

21 家、西南 12 家、华南 13 家、华中 10 家、西北 8 家和东北 11 家，各大区域均有分布，相对比较均衡。从依托单位来看，主要以高校、企业及科研院所为主，共 86 家，占 86.9%，其次为医院 8 家，占 8.1%，园区 5 家，占 5.1%（图 6-4）。从研究领域来看，示范型国际科技合作基地主要布局在生物医药（35 家，35%）、医学（16 家，16%）、生命科学（15 家，15%）三大研究领域，占总数的 66%（图 6-5）。

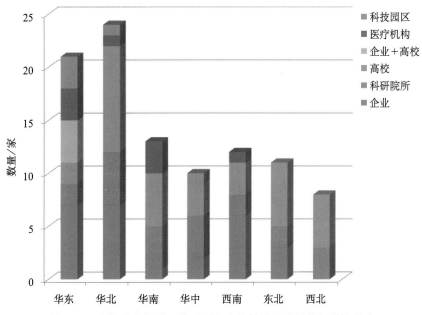

图 6-4　生物技术领域示范型国际合作基地区域及依托单位分布

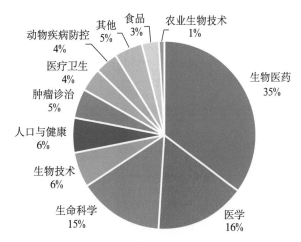

图 6-5　生物技术领域示范型国际合作基地研究领域分布

三、典型示范型国际科技合作基地

（一）人源化抗体及治疗性疫苗产业化国际科技合作基地

1. 基本情况

基地位于北京经济技术开发区荣京东街 2 号，占地 22 300 m²，拥有科技人员 200 余人；基地拥有生物工程研究院、中试车间和产业化设施等抗体和治疗性疫苗开发所需的全部技术平台。

基地建设方百泰生物药业有限公司是中国与古巴在生物医药领域最大的合作项目，是国内最早开展抗体产业化的领军企业，是《中古生物技术合作框架协议》的首要合作项目，长期以来受到 2 国国家领导人和政府的关注与支持。

基地古巴合作方"古巴分子免疫学中心"为古巴三大生物技术研究机构之一，1994 年在菲德尔·卡斯特罗主席的亲自指导下成立，经过 20 余年的发展，已经成为世界领先的、集产学研为一体的综合性抗体药物开发机构。在抗体药物和肿瘤治疗性疫苗开发方面具有世界领先的成熟经验，发现并证实了多种新的药物靶标，为肿瘤的治疗提供了新的策略。

基地的运行和国际合作由中古合作双方共同管理进行，双方信息及技术互通，在恶性肿瘤和自身免疫性疾病等治疗药物的相关基础研究、关键研发和产业化技术平台建设方面开展联合攻关。百泰生物负责基地建设的全面实施，包括引进国外先进技术与成熟项目，组建国际化高素质技术人才团队、配备完善的生产办公厂区及先进设备、提供充足的运营资金，在合作开发的基础上，完成自主创新、技术优化和工艺升级，最终实现抗体及疫苗创新品种的产业化与上市销售。基地主任白先宏，副主任 Rolando Perez 博士，共同负责基地整体管理运作。同时成立中古专家技术委员会，由中古双方专家共同担任委员，协助管理具体事务性工作。基地下设财务部、工程部、研发技术部、专利信息部和人事行政部等部门。

2. 人才队伍

基地拥有专职博士 9 人，外国专家 14 人，抗体药物领域骨干技术人员 50 余人，组成了 162 人的研发队伍。与国内外著名研究机构建立了广泛的合作，组建了包括单克隆抗体上游研发、产业化制备和临床研究在内的技术和管理团队，并建立了企业博士后工作站。

3. 科研成果

经过中古 2 国专家的共同努力，国际合作基地已经拥有了实力雄厚的技术团队，较为完善的组织机构与管理制度，技术平台较为齐备，已成为企业持续快速发展的源动力，并在抗体行业的新产品、新工艺、新技术、新标准等方面做出了应有的贡献。

建成了 4000 L 规模的哺乳动物细胞连续灌流生产系统，刷新了全球抗体灌流生产工艺规模的记录，突破全球抗体连续灌流工艺难以超过 2000 L 规模的瓶颈。在抗体生产的关键技术、工艺规模、设施装备等方面均达到国际先进水平，填补了国内空白，为中国抗体药物产业的发展奠定了良好的基础。

与中国药典委员会及中国药品生物制品检定研究院的专家一起合作，提升完善了中国第一个人源化单克隆抗体药物"尼妥珠单抗"的质量体系，使尼妥珠单抗纳入了《中国药典》，成为中国第一个也是目前唯一一个进入药典的抗体药物，为中国抗体药物的开发制定了国家标准，为中国后续的抗体药物开发提供了指导。

基地建立了一套创新人才团队的稳定机制和激励机制，创造了良好的科研环境，引进专业技术人才和高等院校，不断充实研发队伍。通过校企共建研发机构和项目合作，外聘专家加入公司的研发团队，邀请国内外教授专家有针对性地对研发人员进行相关业务培训，保证研发水平的持续提升。中心还针对科技创新制定了特殊的奖励政策，包括科技创新奖、创新成果奖、研发项目立项奖、科技项目引进奖等，极大地调动了科研人员的积极性和创造性。

4. 国际合作

人源化抗体及治疗性疫苗产业化国际科技合作示范基地将继续重视国际科技合作，以人员交流互访、引进国外人才、技术转移、信息资料交流、合作研发、设立联合研发机构等主要合作方式，拓宽并扎实推进与国际上的科技交流合作。在国家"一带一路"倡议下，稳步推进已启动的国际合作项目，加强中外交流，不断引进有开发前景的新项目。进一步加强在源头创新方面的合作研发，针对临床的重大需求，联合开发全新抗体药物。在巩固已有国际科技合作成果的基础上，积极探索更广范围的国际合作，努力开拓周边国家和欧美市场，提升国产创新抗体药物及疫苗的国际影响力，创造出更丰硕的成果，进而推动中国生物医药领域国际合作的整体水平。

（二）检验检疫国际科技合作基地

1. 基本情况

检验检疫国际科技合作基地为科学技术部 2013 年 9 月 24 日认定的示范型国际科技合作类基地。该基地依托单位为中国检验检疫科学研究院，是隶属于国家质检总局的国家级公益型科研机构，以检验检疫科学应用研究为主，具体开展植物检疫、动物检疫、卫生检疫及核生化反恐技术、工业与消费品安全、化学品安全、机电产品安全、装备与检疫处理、食品安全与食品风险管理、烟草安全与控烟技术、检验检疫发展战略等领域的高新技术和软科学研究，着重解决检验检疫工作中带有全局性、综合性、关键性、突发性和基础性的科学技术问题。

2. 人才队伍

基地通过实施"青年英才"计划项目、科研项目资助科研人员到国外进行短期学习、聘请海外专家为特聘教授 3 种方式加大人才培养和学科团队建设。2013 年，设立"青年英才"计划项目，选拔了一批具有发展潜力、培养前途的青年人才出国学习进修，开展国际合作与交流，促进了青年科技人才的成长，培养造就了一批年轻的学科带头人和技术精英。目前，已有 8 名青年科技人员获得"青年英才"计划项目资助到国外知名大学和研究机构学习进修。通过科研项目选派科研人员分别前往法国、美国、荷兰、德国等发达国家学习先进科研方法和技术。研究人员与对方实验室建立了良好的沟通和合作机制，深入了解了与重大动物疫病相关的国际流行态势，明确了科研主攻方向。检验检疫国际科技合作基地先后聘请来自日本和美国等国的 7 位海外专家为荣誉研究员，有效促进了科学技术的引进来和走出去，进一步加强了国际交流与合作。

3. 科研成果

基地承担科技部国家国际科技合作专项项目 8 项，承担的其他资金渠道的国际科技合作项目 6 项，包括"欧盟 2020—中欧食品安全项目"、OIE 动物检疫项目、在接壤国家边境开展蜱媒监测并构建风险预警系统等。

4. 国际合作

基地非常注重国际合作与交流，截至 2017 年 12 月，共有 6 位专家在国际组织任职。同时，还承担了亚太经合组织食品安全论坛（APEC FSCF）联合秘书处及世界卫生组织国际旅行卫生合作中心工作。领导并参与制定国际标准；研制农兽药残留的国际 AOAC 标准。庞国芳院士领导组织了美洲、欧洲和亚洲 11 个国家和地区30 个实验室参加的国际 AOAC 协同研究，历经 9 个研究阶段考察了方法效率，成功建立了国际 AOAC 方法"茶叶中 653 种多类别多品种农药化学污染物残留 GC-MS，GC-MS/MS 和 LC-MS/MS 高通量分析方法"（AOAC Official Method 2014.09），展示了中国学者在农药残留高通量检测技术领域的水平和能力，提升了中国在该领域国际话语权和影响力，为世界农药残留分析技术进步做出了突出贡献。

检验检疫国际科技合作基地在推动国际实验室能力建设方面，取得了显著成效，多次组织国际能力验证和国际培训。成功举办了中国—东盟食品检测实验室能力验证研讨会、中俄蒙三国卫生检疫合作论坛；与 CNAS "一带一路"沿线国家代表团 26 家机构就食品安全检测技术、实验室建设和成果转化等方面进行了深入交流，充分展示了检科院在中国检验检测基础设施和研究领域的权威地位和水平，扩大了国际影响，提高了国际声誉。

第四节　国际技术转移中心

国际技术转移中心是专门面向国际技术转移和科技合作中介服务，依托国家高新区建立的国际科技合作基地。

一、认定条件

根据《国家国际科技合作基地管理办法》，申报国际技术转移中心的机构应满足下列条件。

①依托国家高新区建设，以推动国际产学研合作和促进高新技术产业国际化发展为目标，主要从事国际技术转移和国际科技合作中介服务的独立法人机构，依法注册 1 年以上。

②具有明确的机构功能定位和发展目标，以及符合市场经济规律的机制体制，并得到所在国家高新区政策、资金、条件环境等方面的支持。

③具有广泛并相对稳定的国际科技合作渠道和较为完备的服务支撑条件，拥有具备国际技术转移服务能力和经验，可以提供高效服务的专业化团队，有能力提供技术、人才国际寻访、引入、推荐和测评等中介服务。

④具有明确的目标服务群体和特色鲜明的发展模式，在技术引进、技术孵化、消化吸收、技术输出、技术产业化，以及国际人才引进等领域具有效果显著的服务业绩。

二、基本情况

截至 2017 年 12 月，在已认定的 39 家国际技术转移中心中，生物技术类只有四川医药国际技术转移中心 1 家，很大程度上反映了中国在生物技术领域的国际技术转移方面仍有待改善，相关基地的布局仍有待加强。

三、典型国际技术转移中心

（一）基本情况

四川医药国际技术转移中心由四川大学华西医院牵头与四川省科技厅、成都市和高新区政府直属单位共同组建，是由四川省科技厅批准、在四川省民政厅注册、具有独立法人资格的非营利性组织。中心依托四川大学华西医院丰富的医教研资源优势开展专业化技术转移服务，是四川省在生物医药领域开展科技成果转移转化工作的重要平台和对外窗口。

（二）人才队伍

自 2012 年成立以来，中心一直秉承"创新技术转移模式，服务区域经济发展"的理念，探索体制机制创新，完善技术转移服务体系和平台建设，为技术成果供需方提供全方位服务。中心下设项目部、国际合作部、综合部、财务部和 CRC（临床试验协调员）部，组建了一支优秀的专业化技术转移团队，目前拥有专职技术转移团队 39 人，兼职技术转移专家团队 50 余人，在加速医药科技成果转化、产业化和国际化中发挥示范引领作用。

（三）科研成果

中心建立了从医药科技成果信息集成、项目评估与对接到技术产品开发与应用推广为一体的全产业链技术转移服务体系及标准化管理体系，与国内 200 余家知名产学研单位建立了稳定的合作关系，与国外 30 余家知名院校和企业保持畅通的沟通机制，通过打通"政医产学研资用"协同创新通道，大力推动医药科技成果转移转化。中心年提供技术合同指导服务 1000 余项，年完成技术合同登记备案约 800 项。2014 年获批"国家技术转移示范机构"，2015 年获批"四川省国际医药技术转移基地"，同时获"成都市科技成果转化组织推进奖"；2016 年作为共建单位参与"国家技术转移西南中心"建设；2017 年组建了在业界具有影响力的"全国精准医学产业创新联盟"，"创新体制机制，促进成果转移转化"案例获"中国医院管理奖"银奖；2018 年获批"国家国际技术转移中心"。

（四）国际合作

中心于 2013 年组建国际合作部，通过拓展国际技术移转渠道、搭建国际交流合作平台、引进国际化人才和前沿技术项目开展国际技术转移工作。自成立以来，中心主承办国际会议和交流活动 80 余场次，接待来访外宾 4800 余人次；先后协助引进海外高层次人才 60 余人，引进国外先进技术 8 项和国际临床研究项目 30 余项；中心每年承办的"成都精准医学国际论坛"已经成为业界一张"靓丽的名片"。

中心与加拿大西安大略大学和多伦多大学建立"中加医药技术转移联合办公室"；与加拿大全球商业化药物中心（GDCC）合作建立"中加医药健康产业创新合作平台"；与加拿大英属哥伦比亚大学（UBC）共建北美国际技术转移联合体，实现科技成果双向转移转化；与牛津大学 Oxentia（ISIS 创新公司）共同创新合作机制与模式建设"成都 - 牛津技术转移研究院"，引进牛津大学院士专家受聘为大学"荣誉教授"或"特聘教授"，并带项目或成立公司落地国内合作；与美国佐治亚立大学技术转移及商业化中心在医药成果转移转化领域深度合作；通过与以色列、捷克等国家的领事馆和知名企业交流合作在欧洲开展成果转移转化。中心 2015 年获批"四川省国际科技合作基地"，2018 年获批"国家国际技术转移中心"。

第七章 国家中药现代化科技产业基地

国家中药现代化科技产业基地是以现代科学技术为支撑，通过整合相关资源，提高区域自主创新能力，突破产业发展中关键共性技术的制约，打造现代中药产业的一种组织模式和系统工程。本章主要对当前中国国家中药现代化科技产业基地的基本情况进行梳理、介绍。

第一节 基本情况

1998 年，科技部批准四川建设首个国家中药现代化科技产业基地，截至 2017 年 12 月，全国共批准了 25 个省、市、自治区建设中药现代化科技产业基地及中药材规范化种植示范基地。十几年来，基地建设已发展成为推进中国中药现代化与国际化发展的重要组织形式和有效方式，有力推动了中医药事业的发展，在产业规模、资源保障、科研成果、国际化等方面均取得了令人瞩目的成绩。

一、地域分布

截至 2017 年 12 月，全国共布局中药现代化科技产业基地 25 家，分别分布在 23 个省和自治区（四川、吉林、贵州、云南、山东、河南、湖北、江苏、广东、浙江、陕西、江西、广西、内蒙古、福建、甘肃、宁夏、山西、海南、安徽、黑龙江、河北、湖南）和 2 个直辖市（天津、重庆）。按区域划分，华东 6 家，华北、西南各 4 家，华南、华中、西北各 3 家和东北 2 家（图 7-1），分布相对比较均衡。到 2020 年，中国将建成一批各具特点、布局合理、区域化协调发展的中药科技产业基地，充分发挥基层和区域特色的中医药独特优势，提高中医药服务能力，在保基本、强基层、控费用方面发挥作用，放大医改的惠民效果。

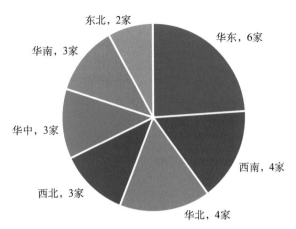

图7-1　国家中药现代化科技产业基地地域分布

二、建设成果

近年来，中国中药现代化科技产业基地建设取得了丰硕的成果，主要体现在中药工业产值增长迅速，产业聚集度逐步增强，规范化种植成效显著等几个方面。

（一）中药工业产值增长迅速，产业聚集度显著增强

1. 中药工业产值稳步增长

与2015年相比，25家基地建设初期的中药工业总产值从905亿元增加到7580亿元，增长约7.37倍。中药工业占医药工业总产值的比重从25.1%提高至37.1%，其中吉林、贵州、重庆、广东中药工业总产值分别占全省医药工业总量的64.3%、50.1%、40.0%、33.0%。

2. 龙头骨干企业显著增多

在基地建设过程中涌现了一批中医药龙头骨干企业。山东省的东阿阿胶、步长制药、鲁南制药、绿叶制药，湖北省的九州通、马应龙，天津市的天士力、红日等都已发展成为全国医药百强企业；广东省已经形成了广州医药集团、深圳三九集团等21个年产值超亿元的企业或集团；江西省涌现了济民可信集团、青峰药业、仁和集团、汇仁集团、江中集团等30多家年销售收入过亿元的现代中药企业；四川省有地奥、科伦、康弘等52家主营业务收入过亿元的中药企业；贵州益佰、百灵、景峰

等龙头骨干企业的工艺技术和装备水平达到国内先进水平；河北省的神威药业、以岭药业目前已发展成为现代中药制造领军企业；吉林省修正药业、万通药业、东宝药业等数十家企业年营业收入过亿元。

3. 中药大品种明显增多

各基地强化优势品种培育，加强重大新产品开发，培育了中药大品种群。天津市通过中药大品种二次开发科技行动计划的实施，为全国数十家中药企业的名优中成药二次开发提供了技术支撑，完成了 32 个中成药品种的二次开发。同时，一批年销售额过 10 亿元的中药大品种在近 20 年研发上市，特别是注射血栓通、丹红注射液、疏血通注射液、复方丹参滴丸、稳心颗粒等多个中药新药研制成功，是中药新药创制水平和能力的重要体现。目前，年销售额过亿元的中药品种约 500 个，过 10 亿元的品种超过 50 个。

4. 产业聚集度显著提高

突出区域特色，科学规划和布局，引导生产要素合理集聚，提升企业和产品竞争优势，是推进中药现代化科技产业规模发展的必由之路。吉林省根据资源和环境的承载能力，积极培育国家级医药高新区，构建以通化国家医药高新区和长春国家生物技术产业基地"一区一基地"为双核心，以 12 个中药产业基地县为补充的全省医药健康产业发展大格局；江苏省已建成泰州、苏州、无锡、连云港和南京五大中药制药产业集聚区；云南省积极促进昆明、玉溪、楚雄、文山 4 个医药工业产业园建设，涌现了县域产业产值过亿元的产业重点县（市、区）40 多个；贵州省以国家高新技术开发区和特色工业园区为载体，中医药产业集中度明显提高，已形成以贵州益佰、百灵、景峰等龙头骨干企业为代表的中药现代化产业集群；重庆市积极优化产业布局，重点支持两江新区综合性医药产业园、高新区医药创新孵化园、涪陵现代中药产业园、荣昌医（兽）药产业园、巴南化学药产业园五大医药园区，引导产业集群发展。

（二）规范化种植成效显著，中药资源实现绿色可持续发展

各基地高度重视中药资源的管理、保护及开发利用。在基本满足中医药临床用药、中药产业和健康服务业快速发展需要的同时，中药农业已成为促进生态环境保护，推动农民就地就业，增收脱贫致富的重要选择。

1. 珍稀、濒危药材保护得当

各基地根据区域中药资源特色建立了 68 个中药资源动态监测站和中药材种苗繁育基地和中药种质资源库，以加强对珍稀、濒危、道地药材的繁育和中药种质资源的保护。50 余种濒危野生中药材实现了种植、养殖或替代。林麝、黑熊、蛇类、海马等一批珍稀濒危药用动物实现了人工养殖，天麻、肉苁蓉、铁皮石斛、沉香等一批珍稀濒危药用植物实现了人工栽培，麝香、牛黄等贵重药材替代品研制获得成功，并实现了产业化生产。

2. 规范化种植加强

各基地按中药材规范化种植（GAP）要求，选择当地道地中药材品种，建立了不同类型的规范化生产示范基地、示范园区或生产基地。目前已建立规模化中药材生产基地 300 多家，其中 100 多家基地已通过 GAP 认证，200 余种常用大宗中药材实现了规模化种植养殖。25 家基地在基地建设初期的中药材总产值和中药材野生抚育和规范化种植面积分别为 575.18 亿元、2202 万亩，2015 年分别增加到 3188.76 亿元、8155 万亩，增幅显著。

3. 生态保护和精准扶贫增多

中药农业的发展在稳定产品质量、保障资源可持续发展的同时，已成为促进生态环境保护，推动农民就地就业，增收脱贫致富的重要选择。贵州省通过实行退耕还药、荒山种药、野生中药材保护抚育和低效经济林改种等手段，实现了保护生态环境与农民增收致富的最佳结合；黑龙江、吉林 2 省利用丰富的森林资源大力发展林下中药经济，多种菌类药材、林下参等生产方式的推广，不仅保护了环境，还解决了当地许多林业和农业人员就业；云南省结合精准扶贫的长效机制，通过开展适合不同地区优良品质与高产的种质定向培育及提升农民的中药材栽培技术水平，实现了少数民族地区的精准扶贫。

第二节　典型国家中药现代化科技产业基地

一、中药现代化科技产业（云南）基地

（一）基本情况

2001 年以来，云南省分 3 期开展了中药现代化科技产业（云南）基地建设，在云南省委、省政府的领导和科技部的指导下，以"中药、民族药"为核心，以"强科技、兴产业、惠民生"为动力，突出"大平台、大企业、大基地、大品种、大品牌、大项目"六大主线，着力推进生物医药产业发展创新体系建设，促进科技成果转化，为云南生物医药和大健康产业发展提供了有力支撑。截至 2017 年，云南省生物医药和大健康产业实现主营业务收入 2554.87 亿元；中药材种植面积达 747 万亩（居全国第 1 位），中药材种植养殖业实现产值 352 亿元；中药产品制造实现主营业务收入 453.21 亿元，占全省医药工业主营业务收入 80% 以上。

（二）建设成效

1. 加强政策引导，营造良好的发展环境

云南省先后出台了《云南省发展中医药条例》《中共云南省委云南省人民政府关于加快发展云药产业的决定》《云南省中药材种植（养殖）科技产业发展规划》《云南省生物医药产业发展规划意见（科技部分）（2009—2020 年）》《云南省云药之乡认定管理暂行办法》《云南省促进生物医药产业发展的若干政策》《云南省医药工业"十二五"发展规划》《云南省加快中医药发展行动计划（2014—2020 年）》《云南省人民政府关于加快中药（民族药）产业发展的指导意见》《云南省生物医药和大健康产业发展规划（2016—2020 年）及三年行动计划（2016—2018 年）》《云南省三七产业"十三五"发展规划》《云南省生物医药产业施工图》《云南省中药饮片产业发展专项资金管理办法（试行）》等一系列地方性法规和政策文件，为中药现代化科技产业（云南）基地建设营造了良好的发展环境。

2. 强化资源科学保护和优质原料基地建设

云南省共认定和建设"云药之乡"60 个，构建了三七、灯盏花、石斛、天麻 4 个中药材大品种省级产业技术创新战略联盟；三七、灯盏花等 8 个品种 15 个基地

获得 GAP 认证；文山三七、昭通天麻、红河灯盏花、龙陵紫皮石斛、广南铁皮石斛
5 个品种获准实施国家地理标志产品保护。

3. 强化新药研发和优势品种培育

实行"一品一策"精准扶持，支持中药（民族药）临床前预研究、临床前研究、
临床试验研究、产业化生产和标准化研究。其中，三七龙血竭胶囊获新药证书和药
品注册批件；治疗缺血性脑卒中天然药 1 类新药注射用 KPCXM18、中药 6 类新药
断金戒毒胶囊、三七通栓片、附杞固本膏、柏仁清湿颗粒等获国家药物临床批件；
痛舒胶囊、血塞通软胶囊经美国 FDA 批准开展 II 期临床研究；云南白药及胶囊获国
家中药保护品种证书，获得了最长 10 年的保护期。

4. 支持优势品种二次开发

促进"老药新用"研发，支持发掘新的临床适应症，突破有效成分提取、分离
与纯化技术研究；支持名方、名药围绕生产工艺优化、剂型改变、质量标准提升、
上市后临床再评价、设备技术改造等进行二次开发。

5. 大力发展健康产品

以三七、天麻、薏仁、茯苓、余甘子等中药材大品种和药食同源品种及云南特
色生物资源为原料，开发具有抗氧化、减肥、增强免疫力、辅助改善记忆、养护皮
肤等功能的系列保健食品和国产特殊用途化妆品。云南白药牙膏、薇诺娜护肤品、
摩尔农庄系列保健品等一批知名产品的市场影响力不断扩大。

6. 着力打造生物医药创新平台

支持国内外大型企业、著名高校、科研机构在云南省构建现代化、高水平研发
平台。目前共拥有国家重点实验室 2 家、部省共建国家重点实验室培育基地 2 家、
省级重点实验室 19 家、国家级技术研发服务平台 3 家、省级技术研发服务平台
8 家、国家级企业技术中心 5 家、省级以上企业技术中心 35 家，省级工程技术研究
中心 18 家、省级产业技术创新战略联盟 9 家。

7. 深化科技金融结合，形成多元化投入保障机制

设立首期规模 10 亿元的云南生物医药大健康成果转化及产业化投资基金，围绕
健康、养老、养生、医疗、康体等大健康新兴产业或成长性行业，重点投向新药研

发和成果转化。

二、中药现代化科技产业（吉林）基地

（一）基本情况

2000 年，科技部批准吉林省建设国家中药现代化科技产业基地。多年来，全省以基地建设为载体，以做大做强中药产业为目标，构建了有利于产业快速发展的机制、环境和平台，探索出了具有吉林特色的中药现代化科技产业基地发展模式。2017 年，全省中药产业实现总产值 1482.8 亿元，是基地建设之前 1999 年 50.8 亿元的 29.2 倍；实现销售收入 1390.6 亿元，是 1999 年 39.1 亿元的 35.6 倍。主要经济指标多年来一直居于全国前列。

（二）建设成效

1. 突出体制机制创新，构建有利于中药产业快速发展的环境

吉林省从抓体制和机制入手，建立了独具吉林特色的产业推进体制和工作体系。基地建立初期，成立了省基地建设协调领导小组，并在科技厅设立了吉林省现代中药及生物制药基地建设办公室。2008 年和 2012 年，省政府先后调整组建了省医药产业发展推进组和省战略性新兴产业生物医药产业推进组。2013 年，省科技厅被省委、省政府指定牵头培育医药健康支柱产业，承担省医药健康产业推进组办公室工作，省科技厅及医药健康产业推进组各成员单位形成了齐抓共管、共同推进医药健康产业发展的工作体系。2016 年，省政府将省医药健康产业推进组更名为省医药健康产业发展领导小组，领导小组由科技厅等 20 个厅局为成员单位组成，实施有效的联动机制，各职能部门齐抓共管、共同推动，有效增强了吉林省医药健康产业的发展动力。

加大政策扶持力度。吉林省相继出台了《吉林省医药健康产业"十三五"发展规划》《关于大力推进科技创新，为人参产业做大做强提供科技支撑的实施方案》和《吉林省人民政府关于加快推进医药健康支柱产业的实施意见》等规划、方案，为加快医药健康产业发展提供了有力保障。

2. 突出中药材大品种的开发，提升资源品质和市场价值

吉林省具有丰富的长白山中药材资源，全省人参、鹿茸、林蛙油等药材道地性突出、质量优良，产量居全国之首。为充分利用中药材资源，大力推进中药材的开发与转化增值，在全省 20 余个县（市）建立了人参、梅花鹿、林蛙、五味子等 46 个道地中药材 GAP 基地，核心面积达到 45 万亩、示范面积达到 90 万亩，已有 12 个 GAP 基地通过国家认证。

3. 强力推进科技创新，加快产品开发、科技成果转化与产业化

吉林省在推进医药健康产业发展中，坚持以科技创新引领产业结构调整与转型升级，不断加大科技投入，加快科技成果转化。5 年来，全省累计投入医药健康领域省级及国家科技经费 14.29 亿元。其中，省级科技经费 9.89 亿元，争取国家科技经费 4.4 亿元。5 年来，共支持医药健康领域重大科技成果转化和重大科技攻关项目 37 项，累计投入经费 2.2 亿元，带动企业投入 10 亿元以上。共获得科技进步奖励 193 项，其中国家二等奖 2 项、省级一等奖 20 项。极大地促进了吉林省医药健康产业研发创新能力的提升和产业的持续发展壮大。

4. 强化产业集群培育，增强产业竞争优势

构建了以通化国家医药高新区和长春国家生物技术产业基地"一区一基地"为双核心，以 6 个医药高新技术特色产业基地及 12 个基地县为补充的全省医药健康产业发展大格局。通化医药高新区获批国家级高新区，是继江苏泰州之后的第二个国家级医药高新区。

5. 加强公共服务平台建设，提高服务产业的能力和水平

以服务为先的工作理念，积极加快医药健康产业公共服务平台建设，构建了全省科技创新、中试转化、专业培训和信息服务"四位一体"的公共服务平台体系，大幅提高了政府公共服务的能力和水平。

省医药产业科技创新公共研发服务平台，5 年共为 80 余户企业提供了 230 余次新药创制、产品研发等服务；医药产业培训服务平台，先后举办了吉林省重点医药企业总裁、科技创新、生产、营销 4 期研修班，对 500 余名重点医药企业的高层管理人员进行培训；信息服务平台，近 5 年来更新和发布信息 2 万条以上，信息总量达到 10 万条以上，点击量达到 5 万次以上。累计编辑医药健康产业推进工作简报、

产业运行简报 94 期；吉林省动植物有效成分提取等 10 个省级中试中心，为 22 户企业提供了 30 余次中试服务。

6. 加强交流合作，拓宽产业发展空间

近 5 年来，累计举办了"第十一届东北亚博览会——中国通化·长白山国际医药健康产业发展论坛"等各类论坛、报告会等大型会议 20 多次，积极推进了医药健康领域的对外交流与合作。

第八章 国家大型科学仪器中心

国家大型科学仪器中心是科技部根据建设创新型国家的重大战略需求和充分发挥科技对经济社会发展的支撑引领作用的要求，以提高自主创新能力、服务和支撑科技创新为目标，以先进的大型科学仪器为核心组建的开放性、综合性科学技术研究实验基地，是国家创新体系的重要组成部分。本章主要对生物技术领域国家大型科学仪器中心的基本情况进行梳理、介绍。

第一节 基本情况

国家大型科学仪器中心主要依托于拥有先进的大型科学仪器且应用研究与仪器功能开发能力优势明显的单位，按照政府领导、统筹规划、突出创新、共享共用和兼顾区域发展的原则，主要采取评审认定的方式组建。北京质谱中心作为国内第一家由多部委联合共建的国家大型科学仪器中心于 1998 年成立。截至 2017 年 12 月，全国共有国家大型科学仪器中心 17 家，其中，生物技术相关的为 11 家，占比 64.7%，包括北京磁共振脑成像中心、北京电子显微镜中心、北京傅立叶变换质谱中心、北京核磁共振中心、北京质谱中心、长春质谱中心、国家 X 射线数字化成像仪器中心 (绵阳)、上海有机质谱中心、武汉磁共振中心、广州质谱中心和中子散射谱仪中心。

一、地域分布

从分布地域来看，11 家生物技术领域相关的国家大型科学仪器中心有 6 家位于北京，其余 5 家分别位于上海、广州、长春、绵阳和武汉。

二、依托单位分布

从依托单位来看，各中心依托单位均为高校和科研院所，其中，6 家依托于中国科学院，2 家依托于高校，其余 3 家分别依托于军事科学院军事医学研究院、中国工程物理研究院和中国原子能科学研究院。

三、研究领域

从研究领域来看，该类基地主要涉及以下几个方面：一是解析生物大分子结构，开展以核磁共振为主要手段的多学科交叉的前沿领域创新研究；二是分析大分子、生物活性物质及新物质的结构，开展以生物制药、生物化学、药物化学等多个学科领域的质谱技术研究和分析服务；三是研究高分子材料、生物材料、胶体界面等软物质结构及物理性能；四是探索电子显微学及 X 射线数字化成像技术领域的新方法、新技术研究及研发成套设备等。

四、主要职责和任务

根据《国家大型科学仪器中心管理办法》规定，国家大型科学仪器中心的主要职责和任务如下。

①以国家重大战略需求为导向，把握科学技术发展趋势和前沿领域，发挥大型科学仪器在科技创新研究中的支撑引领作用，充分利用国家大型科学仪器设备资源，为科研机构、高等院校、企业和科技人员提供综合服务，推动科技进步，服务经济社会发展。

②通过开放共享机制，促进学科交叉和技术融合，加快大型科学仪器应用新技术的辐射，培养大型科学仪器研究与应用的高层次人才。

③大力拓展大型科学仪器的功能和应用范围，持续不断地提供新方法、新技术和新的仪器装置。

④积极开展国际合作交流，通过消化吸收再创新，促进自主创新能力的提高。

第二节　典型国家大型科学仪器中心

一、北京傅里叶变换质谱中心

（一）基本情况

北京傅里叶变换质谱中心依托于军事科学院军事医学研究院生物医学分析中心，是由国家、军队和北京市联合共建的国家大型科学仪器中心。中心于 2003 年批准建设，现任主任为张学敏院士。现有工作人员 53 名，90% 具有博士学位，其中研究员、副研究员共 18 名。中心场所使用面积为 8800 m^2，拥有各类高精尖质谱、核磁、色谱、光谱和分子影像等配套生命科学设备。中心建有国际一流的药物与毒物分析技术平台、食品安全监测与风险评估技术平台、环境监测与评价技术平台、蛋白质组和代谢组学技术平台、细胞与分子影像技术平台、肿瘤等重大疾病研究平台。

（二）科研成果

该中心在新药开发、生物技术、生物安全、重大疾病研究等领域，为中国逾百个单位的国家食品安全重点研发专项、国家新药创制重大专项、国家转基因重大专项、国家重大科学仪器专项等一系列重大科研任务提供了重要技术支撑，并依托综合技术平台优势，在中国应对一系列公共卫生突发事件中发挥了重要作用，先后经受了抗击 SARS、阻击禽流感、防控甲型 H1N1 流感、APEC 会议、抗震救灾、化武核查、国际维和等一系列重大任务的考验，锻炼了一支能打硬仗、善打硬仗的技术队伍。此外，中心在生命科学前沿领域取得了系列重要突破，相继在 *Nature Medicine*、*Nature Immunology*、*Nature Cell Biology*、*Nature Communications*、*PNAS*、*Molecular Cell*、*Cell Reports* 和 *Journal of Clinical Investigation* 等国际知名学术期刊上发表了系列原创性研究成果，先后获得国家自然科学二等奖和国家创新团队奖等。实验室曾以国家生物医学分析中心名义在亚太地区大学、科研院所排名中，入列 50 强（《自然》2012 年发布）。

二、北京磁共振脑成像中心

（一）基本情况

依托于中国科学院生物物理所的北京磁共振脑成像中心，是科技部、中国科学院和原卫生部（现国家卫生健康委）联合投资共建的国家大型科学仪器中心之一，也是脑与认知科学国家重点实验室的公共研究平台。中心于 2002 年批准建设，2004 年 5 月开放运行。现任主任为陈霖院士；现有 20 余人的应用研究、技术研发和管理支撑队伍，以及近 20 名研究生和博士后人员。

该中心装备了当今国际最先进的 7T 西门子人类磁共振成像系统、国内首台科研专用 3T 磁共振成像系统和脑磁图系统，核心设备总价值约 1.5 亿元，并与多种其他成像设备、视知觉实验设备和动物实验装置进行有机结合。这种具备超高场磁共振与脑磁图结合成像能力的研究机构，在世界范围内屈指可数。中心的主要任务：一是为所内外脑与认知科学领域的国家重大科技任务提供支撑；二是为国际、国内科研合作提供平台；三是注重脑成像技术与应用方法的发展，特别是以多模态结合高时空分辨率为代表的人脑功能成像技术、以清醒猴功能磁共振成像为代表的动物脑成像技术、以超高场磁共振脑血管成像为代表的临床脑疾病诊断新方法的发展。

（二）科研成果

中心支撑了多个国家重大科研任务，包括自主承担的 2 个 973 项目、7 个 973 课题、2 个国家重大仪器研制项目、1 个国家自然基金创新群体、3 个国家基金重点项目和 2 个中国科学院先导专项（B）课题等重大科研任务，以及来自所外、院外的多个重大、重点课题。中心的先进脑成像设备不仅为发展中心自主原创的"大范围首先"的认知理论提供了关键的技术支撑，也为国内同行从事从语言、注意、社会认知到脑疾病转化医学的研究提供了国际领先的技术平台。

秉承开放共享的指导思想，中心探索建立了一套以服务为核心、支撑高水平研究为重点的开放运行体系，迄今已为来自国内外 40 多个单位的 230 多个课题组提供了成像服务。其中，所外单位使用的机时占总机时数的 3/4 左右，在国家大型科学仪器中心年度考核中多次获优。借助中心的实验平台产出的高水平研究论文每年 20 ~ 40 篇。中心与天坛医院合作，获得国家科技进步二等奖和中华医学科技一等奖各 1 项。

经过 10 余年发展，中心已成为国内脑成像领域最有影响的研究平台之一，同时作为国际脑成像合作的重要窗口，并为国内高校、科研院所、医院和企业输送了一批高水平的脑成像研究人才。以中心的工作和研发队伍为主要基础，中国科学院和北京大学联合申请建设"多模态跨尺度生物医学成像设施"已获发展改革委批准，生物物理所与自动化所联合共建的脑智交叉研究平台、脑功能图谱交叉研究平台也已通过论证并立项。

三、北京核磁共振中心

（一）基本情况

北京核磁共振中心是由科技部、教育部、中国科学院和原总后勤部卫生部（现军委后勤保障部卫生局）共同投资，依托于北京大学建立的一个国家大型科学仪器中心。2002 年 11 月，经科技部与教育部批准正式成立。中心以中国首台高场 800MHz 液体核磁共振谱仪为核心设备，定位于生物大分子核磁共振研究领域的科学研究及共享服务，还配有 2 台 600MHz 液体核磁共振谱仪，1 台 500MHz 液体核磁共振谱仪和 1 台 400MHz 液体核磁共振谱仪。北京核磁共振中心的运行得到了科技部和北京大学的支持，近年来，每年获得来自科技部的国家大型科学仪器中心运行补贴 100 多万元，以及来自北京大学的校级公共平台运行补贴约 30 万元。

作为国家大型科学仪器中心，北京核磁共振中心的工作主要包含 2 个方面内容：一是中心秉承资源共享的原则，面向全社会提供开放服务。通过健全开放机制，提高科研能力，拓展科研方向，优化核磁共振谱仪的性能，提升工作人员的专业化水平等方式，不断完善北京核磁共振中心向全社会提供开放共享服务的能力、质量与力度，以期更好地服务于国家的科技进步与创新。二是中心立足于国家重大科研需求，着眼于科学研究的前沿领域，不断提高自身的科研工作水平。中心定位于应用基础研究，主要开展有关生物大分子的溶液结构与功能关系，生物大分子之间及其与小分子相互作用，生物大分子的主链和侧链的动力学性质等研究工作。

（二）科研成果

2011 年以来，中心承担了由发展改革委出资建设的"国家蛋白质科学基础（北京）设施"（凤凰工程）之北京大学核磁平台的建设工作。凤凰工程北京大学核磁平台以中国目前最高场的 950 MHz 液体核磁共振谱仪为核心，另配有 1 台 800 MHz 固液两用核磁共振谱仪、1台700 MHz液体核磁共振谱仪、1台600 MHz液体核磁共振谱仪和1台600 MHz固体核磁共振谱仪。2014年，中心完成了凤凰工程北京大学核磁平台与北京核磁共振中心的谱仪合并安置工作，建成了一个拥有10台核磁共振谱仪的生物大分子核磁共振研究平台。其中，多台液体核磁共振谱仪配备高灵敏度超低温探头，形成了固液兼备，档次齐全的仪器资源结构，谱仪数量和档次均达到了国际一流水平。同时，还拥有解析生物大分子结构的专用计算机集群、小角散射仪，以及进行生物大分子核磁共振研究的样品制备及相关功能研究的生物学实验室及相应配套的仪器设备。

中心利用核磁共振方法解析了膜蛋白TatA三维结构。TatA是革兰氏阳性细菌重要的Tat（Twin-arginine transport）蛋白质转运系统的一个重要组分，兼有蛋白识别与形成蛋白穿越通道的双重功能。该研究工作加深了对Tat系统作用机制的理解，是中国科学家解析的第一个膜蛋白溶液结构，相关工作发表在JACS等学术刊物上。夏斌教授课题组利用核磁共振方法研究了结核杆菌、沙门氏菌、伯克氏菌、绿脓杆菌及枯草芽孢杆菌中不同的外源基因抑制因子的结构及其DNA识别机制，揭示了它们在细菌抑制外来基因中的作用机制，并在PNAS等学术刊物上发表系列文章。2014年，中心引进了王申林研究员，从事生物大分子固体核磁共振研究，并开展这一领域的共享服务工作。自成立以来，中心已经承担了几十项来自国家973计划、国家863计划、国家自然科学基金等项目。2016年，由中心人员作为项目负责人牵头，联合中国科学院武汉数学物理研究所、南开大学和中国科学技术大学等单位的科研人员，共同申请并获批了国家重点研发计划项目"蛋白质机器动态结构的核磁共振研究方法及应用"。北京核磁共振中心还与国内外多所大学和科研院所的科研人员建立了科研合作关系，共同开展了重要的生命科学课题研究，并在Science、Nature、JACS和Nat Commun等学术刊物发表了相关合作研究工作的成果。

北京核磁共振中心积极开展产学研相结合的专题服务，与企业合作承担完成了863计划重点项目"工业酶分子改造与绿色生物工艺"的子课题"工业酶开发及应用关键技术"的研究工作。为几十家企业提供了测试服务，其中包括与北京乐威泰克医药技术有限公司和泰州乐威产业化工有限公司建立了产学研合作，为其进行的药物化学、化学合成工艺研发、小分子化合物的设计合成与规模化生产服务提供了大量测试服务。

第九章 国家重大科技基础设施

重大科技基础设施是为探索未知世界、发现自然规律、实现技术变革提供极限研究手段的大型复杂科学研究系统，是突破科学前沿、解决经济社会发展和国家安全重大科技问题的物质技术基础。根据《国家重大科技基础设施建设中长期规划（2012—2030年）》总体部署，在生命科学领域，中国将以探索生命奥秘和解决人类健康、农业可持续发展的重大科技问题为目标，面向综合解析复杂生命系统运动规律、生物学和医学基础研究向临床应用转化、种质资源保护开发与现代化育种等方向，重点建设以大型装置为核心、多种仪器设备集成的综合研究设施，完善规模数据资源为主的公益性服务设施，支撑生命科学向复杂宏观和微观两极发展并实现有机统一，突破生命健康、普惠医疗和生物育种中的重大科技瓶颈。目前中国已启动了生物技术领域转化医学、模式动物表型与遗传研究等国家重大科技基础设施建设。本章将以这2类国家重大科技基础设施为重点进行梳理、介绍。

第一节 转化医学国家重大科技基础设施

转化医学研究是现代医学发展的重要方向，对推动医学基础研究成果快速向临床应用转化和提高诊治水平具有关键作用。中国将围绕人类重大疾病发生、发展与转归中的重大科学问题，建设转化医学研究设施，主要包括符合国际标准并具有中国人种和疾病特色的临床资源库，医学信息技术系统，疾病生物标志物检测、功能分析和临床验证技术系统，个性化医学技术系统，细胞、组织和再生医学技术系统，临床技术研发系统等。

一、基本情况

中国政府对转化医学研究一直给予高度重视和支持。2013年，国务院印发《国家重大科技基础设施建设中长期规划（2012—2030年）》，首次将转化医学研究设施列入国家重大科技基础设施。同年，发展改革委总体规划在北京、上海、四川、西安等地建设 5 家转化医学国家重大科技基础设施。截至 2017 年 12 月，中国布局了 5 家国家级转化医学中心，俗称"1+4"项目，其中瑞金医院是"1"，作为综合性转化医学中心，其余 4 家分别是解放军总医院老年病学研究中心、北京协和医科大学疑难病研究中心、中国人民解放军空军军医大学分子医学研究中心和华西医院再生医学中心。由于下文将转化医学国家重大科技基础设施（上海）和转化医学国家重大科技基础设施（四川）作为典型案例进行介绍，因此，以下概括介绍其他 3 家的基本情况。

（一）转化医学国家重大科技基础设施（解放军总医院）

1. 建设进展

2017 年 7 月，发展改革委正式批复转化医学国家重大科技基础设施（解放军总医院）的项目建议书。该项目由解放军总医院与清华大学联合共建，总投资约 7.85 亿元。

2. 研究领域

该设施将从老年肿瘤精准诊疗与引发的多器官损伤，以及老年糖尿病、代谢综合征、脂质代谢紊乱、高尿酸血症、骨矿物质代谢异常及其微血管和肾脏并发症防治入手，创新产学研用机制，形成医学研究、诊疗技术研发、转化应用一站式管理体系。该设施将建立六大中心：转化医学资源中心、诊疗新靶点研发与新型诊疗技术评价及示范推广中心、新型诊断技术研发中心、创新药物与新型治疗技术研发中心、老年健康管理关键技术研发中心和社区健康管理示范中心。

（二）转化医学国家重大科技基础设施（北京协和）

1. 建设进展

2016 年 5 月，发展改革委批复了转化医学国家重大科技基础设施（北京协和）项目建议书。该项目牵头单位为中国医学科学院北京协和医院，依托单位为北京协和医学院，共建单位为北京航空航天大学，项目总投资估算为 7.2 亿元。

2. 研究领域

该设施建设从分子、细胞、组织、个体和群体水平系统开展转化医学研究，涵盖基础—临床—公共卫生的全过程，形成医、研、学、产转化医学创新研究基地。主要有五大系统：一是针对与老龄化相关心脑血管病和疑难杂症等具有中国人种特色的生物资源库，主要建设生物标本收集、处理、服务和存储设施；二是基础与临床前研究系统，主要建设与老龄化相关心脑血管疾病和疑难杂症等生物标志物平台，细胞、组织和生物医学工程平台，实验动物验证平台和虚拟人研究平台；三是临床转化系统，主要建设药物研发和评价、诊疗新技术研发转化和精准医学技术研究设施；四是临床验证与推广系统，主要建设临床疗效验证、预防和早期干预、卫生政策及卫生经济研究设施；五是医学信息技术系统，主要建设转化医学业务支撑、转化医学生物信息技术和转化医学资源共享及服务设施。

（三）转化医学国家重大科技基础设施（西安）

1. 建设进展

2015 年 12 月，发展改革委批复建设中国人民解放军空军军医大学国家分子医学转化科学中心项目。该项目由原总后勤部会同陕西省政府，依托全军生物制药转化医学重点实验室、全军生物技术转化医学中心联合军地相关单位共同承建，项目批复建设经费为 8.27 亿元。

2. 研究领域

该项目由中国人民解放军空军军医大学联合相关单位实施，重点建设分子诊断、分子影像及个体化治疗 3 个分子医学转化研究平台，建设分子医学临床检测中心、跨组学分子医学联合中心、生物制药中试技术中心、分子药物研发技术中心、细胞与组织资源技术中心、生物信息技术中心、分子医学器械研发技术中心 7 个功能中心，还将发展个体化精准医疗产业，实现重大疾病精确定性、定位诊断，提升对重大疾病的全面诊断能力。

二、典型转化医学国家重大科技基础设施

（一）转化医学国家重大科技基础设施（上海）

转化医学国家重大科技基础设施（上海）（以下简称"上海大设施"）于 2013 年 7 月经发展改革委正式批准建设，是中国首个综合性国家级转化医学重大科技基础设施。上海大设施以上海交通大学和瑞金医院为建设主体，力争形成跨学科、开放、共享、具有示范意义和国际影响力的高水平转化医学研究基地。

1. 研究领域

上海大设施以促进前沿技术和基础医学研究成果向临床应用转化为目标，重点聚焦肿瘤、心脑血管疾病、代谢性疾病三大类严重威胁人类健康的疾病，布局建设标准化临床生物样本库、临床资源深度分析与挖掘平台、生物标记物与新药研发平台、诊断试剂与仪器开发平台、分子病理与影像技术研究平台及临床研究型病房六大技术平台，建成新型高效的转化医学体系，提高临床医学研究水平。

2. 建设进展

上海大设施于 2016 年 4 月正式进入基础建设阶段，临床基地——瑞金医院转化医学大楼计划于 2018 年年底竣工，2019 年年底投入使用。转化医学大楼将主要安置样本库、分子病理和 300 张研究型病房等重要平台。目前大楼功能布局正在完善中。

为配合重大科学设施平台建设，瑞金医院已先期投入 2400 m^2 的实验室用于建设临床资源深度分析与挖掘平台、生物标记物与新药研发平台及新药创制平台。其中，新药创制平台已于 2017 年 9 月开始正式运行，截至 2018 年 7 月，已服务院内外课题 60 项，开放服务时间近 720 个小时；高通量测序平台已基本建成，并已于 2018 年 4 月起投入试运行；生物样本库建设方案已通过专家论证。

3. 科研成果

上海大设施积极开展大规模、前瞻性、规范化临床试验，促进创新性疗法、技术、诊断试剂在临床的应用实践。正在开展的临床研究项目包括：一是 CAR-T 细胞治疗复发难治性淋巴瘤、多发性骨髓瘤等已初步取得良好效果；二是构建了代谢性疾病研究的全国性临床研究网络。上海大设施构建了依托核心网络成员单位 25 家、

地级城市网络成员单位150家的全国性临床研究网络，针对2型糖尿病的防控难点，开展全国范围的系统性监测，建立翔实持续的电子化信息样本资源库，动态掌握2型糖尿病的流行现状、变化趋势及危险因素，建立2型糖尿病与糖尿病高风险早期筛查指标体系与血糖诊断适宜切入点，探索有效的三级医院指导下的社区综合管理策略，提高诊断率、治疗率与控制率，切实增强2型糖尿病的综合防控效能。

4. 人才队伍

高水平人才队伍是上海大设施建设和发展的重要保障，希望通过引育并举建立一支一流的转化医学人才队伍。2016年以来，上海大设施从国内外全职引进高层次人才5名，其中2名被评为上海市东方学者。另外，以兼职聘用形式引入高层次平台学科与应用型人才3名。

（二）转化医学国家重大科技基础设施（四川）

转化医学国家重大科技基础设施（四川）是国家布局建设的5家国家级转化医学中心之一。该设施的建设，将有助于转变中国当前医学模式、整合优势科研和临床资源，加快医学创新体系建设。同时，该设施也将有助于实现中国生物治疗转化医学研究的跨越式发展，加快成果应用及产业步伐。

1. 研究领域

该设施主要针对肿瘤、心脑血管疾病等重大疾病生物治疗的核心科学问题和关键技术问题，开展生物治疗相关转化医学研究，在致病基因及新靶点的发现与验证、肿瘤的免疫基因治疗、创伤组织修复及生物靶向药物研发等方面取得突破，加快研究成果转化的效率和速度；开展表观遗传、发育、干细胞分化与增殖调控及重大疾病分子机理等研发，发展新的生物治疗靶点，获得药物靶向技术、基因治疗等新型生物治疗方法、技术和方案，实现肿瘤等重大疾病精准治疗；突破创伤组织修复过程中复杂器官脱细胞支架的无菌化、规模化、自动化制备和脱细胞支架高效再细胞化等关键技术问题，实现高效快速组织损伤修复和器官功能重建等临床转化。

该设施将聚焦系统综合集成、多学科整合攻关、规模制备、高通量研发4个关键科学与工程技术问题，重点建设生物制剂筛选系统、生物制剂制备系统、临床转化验证系统和支撑技术平台4个转化研究系统平台，构建相互关联、高度综合集成的生物治疗转化医学研究体系，涵盖了从生物治疗的基础研究到临床治疗转化应用研究的各关键环节，形成了从基础到临床、上下游结合的完整的生物治疗转化"技术链"。

2. 建设进展

该设施由四川大学和华西医院牵头建设，项目规划总投资近 10 亿元，总面积约 8 万 m^2，主要仪器设备总值 6 亿多元，预期 2020 年建成并投入使用。项目于 2017 年 12 月开工建设，2018 年将完成投资 6000 余万元，主要用于转化医学大楼的建设和一些急需仪器设备的采购。目前，电镜实验室主体工程已完工，进入了内装修阶段，预期 2018 年年底设备安装调试完成，正式投入使用。转化医学大楼主楼地下工程正在进行中。

3. 科研成果

近年来，四川大学在前沿生物技术与疾病机理研究、基因治疗与免疫治疗研究、干细胞与组织修复研究、靶向药物治疗研究、生物治疗临床前和临床转化研究等生物治疗转化医学领域取得了一系列创新性的研究成果。每年发表 SCI 论文 800 余篇，其中包括在 *Nature*、*N Engl J Med.*、*Nature Reviews Drug Discory*、*Nature Neuroscience*、*Nature Chem. Biol.*、*Nature Med.*、*Dev Cell*、*PNAS*、*Blood*、*Angew. Chem. Int. Ed*、*JACS*、*Cancer Res.* 等国际著名杂志上发表的论文。获得国内外授权专利 150 余项，自主研发了处于不同阶段的 100 余项的生物治疗药物与靶向药物等，60 余项已实现了技术转让，包括疫苗、抗体、细胞治疗、基因治疗与重组蛋白、小分子靶向药物等，与石家庄药业集团、上海医药等国内知名企业合作开发。

4. 人才队伍

该设施以生物治疗转化医学研究相关领域知名科学家为核心，汇集了包括中国科学院院士 3 人、长江学者特聘教授和国家杰出青年基金获得者 32 人等在内的高水平的创新研究大团队，共有各类研发人员 2000 余人，已形成一支在转化医学研究领域具备强大国际竞争力和自主创新能力的核心团队。

第二节　模式动物表型与遗传研究国家重大科技基础设施

"模式动物表型与遗传研究设施"是国家"十二五"期间优先安排的 16 项重大科技基础设施之一。该设施由中国农业大学和中国科学院昆明动物研究所共同建设，在河北省涿州市建设猪表型与遗传研究设施（以下简称"猪设施"），在云南省昆明市建设灵长类动物表型与遗传研究设施（以下简称"灵长类设施"）。项目建设总投资为 123 265 万元，其中猪设施投资 83 269 万元，新建建筑面积 30 200 m²；灵长类设施投资 39 996 万元，新建建筑面积 24 100 m²。主要是针对生命活动解析过程中的核心问题，以猪和猴为模式动物，研究和阐明生命表型的形成规律和调节方式，认识人类生命活动规律、重大疾病的发生发展机理，并为医药研发、动物育种提供理论和技术支撑。

一、建设进展

2016 年 2 月，"模式动物表型与遗传研究"国家重大科技基础设施建设项目由发展改革委批准立项。2018 年 8 月，教育部和中国科学院联合出具关于"模式动物表型与遗传研究国家重大科技基础设施项目"初步设计的批复。目前进入发展改革委的投资概算评审阶段。

二、研究领域

根据发展策略，该设施围绕以下研究领域开展实验研究。

（一）新技术研发中心

开发新型基因编辑技术，开发高通量筛选技术，开发大动物干细胞建系技术及开发大动物胚胎操作新技术、新方法。

（二）模式动物（猪和灵长类）规模化制备与表型测定中心

建立动物（猪和灵长类）细胞 CRISPR 基因修饰突变库，并结合传统核移植技术建立猪和灵长类疾病模型，对其展开表型分析，建立实验数据的科学管理和分享机制。

（三）人类重大疾病模型中心

创制携带人类重大疾病易感基因或突变体动物（猪和灵长类）新材料，围绕脑科学、神经精神疾病、传染性疾病、代谢性疾病、心血管疾病等研究需求，建立动物（小型猪和灵长类）疾病模型临床评价技术体系，为疾病发生发展机制解析及药物研发提供研究基础。

（四）生物医药产业与器官移植中心

猪是异种器官来源的最佳动物，作为人类医学的疾病模型及人类器官供体，模型猪已经成为世界研究范围的一个重要关注点。

（五）精准分子育种中心

利用全基因组关联分析技术、表型组学技术，在猪的基因组水平开展分子标记或基因选择，并利用基因组编辑技术对猪的基因组进行操作，提高育种的精确性和效率。

三、科研成果

通过多年的自主创新及合作攻关，研究团队建立了高效的动物体细胞克隆技术平台。2005 年成功获得中国第一头体细胞克隆猪——实验用香猪（黑色），使中国成为世界上第 7 个自主开展克隆猪研究并获成功的国家；2007 年 5 月成功克隆世界著名医用小型猪——欧洲哥廷根小型猪。

建立了稳定的基因修饰猪生产平台。制备了血清白蛋白人源化猪、乳腺表达重组人溶菌酶转基因猪、动脉粥样硬化小型猪疾病模型、MSTN 敲除猪、FSTN 转基因猪；创建了抗腹泻转基因猪、人类多囊肾转基因猪、先天性心肌肥厚疾病和人类侏儒综合征转基因猪等疾病模型。曾获中华农业科技奖一等奖，抗腹泻等四种转基因小型猪进入转基因安全生产性试验阶段。

在灵长类动物研究方面，研究团队于 2010 年成功培育出中国首例转基因猕猴，2014 年参与了世界上首个 MECP2 基因编辑猕猴的构建与瑞特综合征模型研究，于 2016 年首次突破了树鼩转基因技术瓶颈，创建了世界上首只转基因树鼩，创建了猴 HIV-1 感染模型、阿尔茨海默病及帕金森病模型。在灵长类动物资源与平台建设方面，拥有猕猴、食蟹猴等 7 种灵长类动物，存栏 2400 多头，建立了符合国际规范的质量管理体系，并获得了灵长类动物的 GLP 实验认证。灵长类动物表型与遗传设施于 2018 年成为首个获得中国合格评定国家认可委员会（CNAS）实验动物机构认可的机构。

四、人才队伍

围绕设施的组成系统，集聚了相关单位的专业人才优势，按照各系统建设的具体需求，参与猪设施设计和建设的科研人员队伍包括教授、研究员及正高级工程技术人员 41 人，副教授、副研究员及高级工程技术人员 9 人。其中，中国科学院院士 2 人、中国工程院院士 1 人、长江学者 7 人、国家杰出青年科学基金获得者 13 人，项目首席科学家为孟安明院士。

参与灵长类设施设计和建设的人员队伍中有研究员及正高级工程技术人员 30 人、副研究员及高级工程技术人员 20 人。其中，中国科学院院士 2 人、国家杰出青年科学基金获得者 9 人、优秀青年基金获得者 7 人。

第十章　人类遗传资源库

人类遗传资源是指含有人体基因组、基因及其产物的器官、组织、细胞、血液、制备物、重组脱氧核糖核酸（DNA）构建体等资源材料及相关的信息资料（《人类遗传资源管理暂行办法》）。人类遗传资源不可复制和替代，是国家民族兴亡的重要战略资源，是生命科学前沿研究和生物高新技术发展的重要基础，是生物医药研发、疾病防治诊疗、健康产业和生物经济发展的基石，也是国家安全的重要保障。加强人类遗传资源的合理开发利用符合世界各国的战略需求。《"十三五"国家科技创新规划》明确提出，要加强特殊人类遗传资源、基因、细胞等资源的收集、整理、保藏工作，推进人类遗传资源的系统整合与深度利用研究，构建国家战略生物资源库和信息服务平台，扩大资源储备，加强开发共享。本章将重点对获得科技部中国人类遗传资源管理办公室批准的人类遗传资源保藏活动进行介绍。

第一节　基本情况

人类遗传资源样本库是指标准化收集、处理、储存和应用健康和疾病生物体的生物大分子、细胞、组织和器官等样本（包括人体器官组织、血液、生物体液或经处理过的生物样本，如核酸、蛋白等），以及与这些生物样本相关的临床、病理、治疗、随访、知情同意等数据信息及其质量控制、信息管理与应用系统。经济合作与发展组织（Organisation for Economic Cooperation and Development，OECD）在《人体生物银行和遗传研究数据库指南》中将其定义为"用于遗传研究的结构化资源，包括人类遗传资源和 / 或对这些遗传材料进行分析生成的信息，以及相关联的信息"。高质量大样本的人群疾病遗传资源库对于深入研究人类基本生命现象、理解疾病的发生发展机理具有重要意义，是开展临床转化医学研究、实施疾病精准治疗的基石和桥梁。中国人类遗传资源样本库的建设经过多年努力已经取得巨大成绩，逐渐形成规模，并陆续建立了各具特色的人类遗传资源样本库。截至 2017 年年底，中国人类遗传资源管理办公室共批准 84 项人类遗传资源保藏活动，涉及单位 76 家。

一、地域分布

人类遗传资源库分布于中国 21 个省、自治区、直辖市（图 10-1），其中，北京 26 家单位，上海 11 家单位，广东 7 家单位。从地域分布来看（图 10-2），主要集中分布在华北（30 家，占 39.5%）和华东（21 家，占 27.6%），其次为华南（8 家，占 10.5%），华中（6 家，7.9%），西南、东北（各 4 家，占 5.3%）及西北（3 家，占 3.9%）。

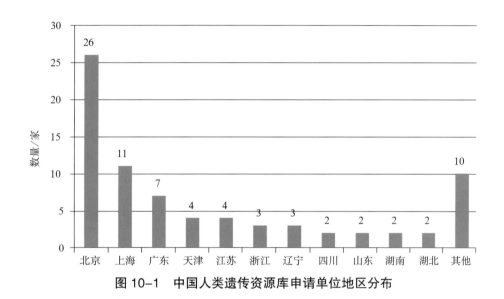

图 10-1　中国人类遗传资源库申请单位地区分布

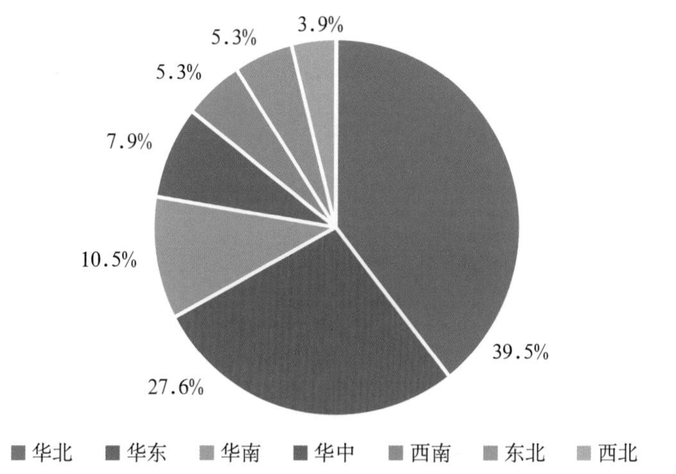

图 10-2　中国人类遗传资源库地域分布

二、依托单位分布

人类遗传资源库主要集中分布在医疗机构(60家，占78.9%)，其次为高等院校(8家，占10.5%)，科研院所（7家，占9.2%）和企业（1家，占1.3%）（图10-3）。

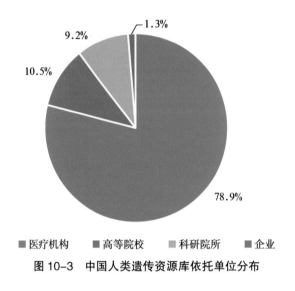

图10-3 中国人类遗传资源库依托单位分布

三、资源库特征

获批保藏样本中，实体样本8797.4万份，涉及76家样本库；数据信息保藏101PB，涉及13家样本库。保藏样本类型主要以临床疾病样本为主（70家，占92.1%），其中综合性临床样本库39家（占51.3%），特定类型疾病的样本库31家（占40.8%）。此外，还包括民族特色遗传资源库（3家，占3.9%）、人群队列资源库（1家，占1.3%）、临床药物资源库（1家，占1.3%）及干细胞资源库（1家，占1.3%）（图10-4）。在临床疾病样本库中，综合性临床样本库（39家，占55.7%）、肿瘤（12家，占17.1%）、心脑血管疾病（5家，占7.1%）排在前3位（图10-5）。

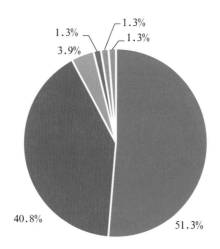

图 10-4　中国人类遗传资源库特征分布

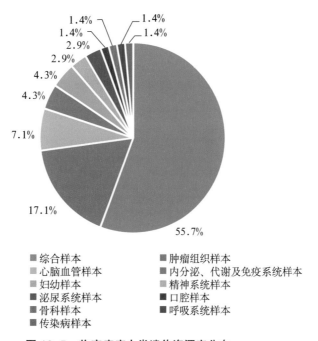

图 10-5　临床疾病人类遗传资源库分布

第二节　典型人类遗传资源库

一、首都医科大学宣武医院

首都医科大学宣武医院样本资源库建立于 2015 年，服务于国家创新战略，为促进中国人类遗传资源的有效整合、科学管理和高效共享，推动医药创新、提高国民健康水平打造高质量、高标准的综合性资源平台。目前，样本库存储容量达到 100 万份，已建设成为大规模的中国人群综合性生物样本实体库和信息库。

（一）基本情况

样本库自成立以来，在项目管理方面，通过与医院学术委员会和伦理委员会的无缝对接，简化了平台使用的申请和办理流程；通过制定项目产出考核规范和不合格项目退出规范，强化了临床科室样本使用的积极性。在临床信息化方面，建立综合性的管理软件平台，一方面实现样本信息管理的全流程自动化；另一方面实现与医院信息系统对接，能够完成临床数据的抓取，从而实现样本和临床信息的一体化。

样本资源库健全了 4 级管理体系，编制并随时更新全方位指导样本资源库工作的 SOP，从而为临床研究提供了标准化、科学化的支撑平台。样本资源库还积极参加相关质量认证，目前是 ISBER 成员库、北京生物银行成员库，同时正积极参与中国医药生物技术协会组织生物样本库分会的室间质评。

样本资源库已投入使用的存储和实验空间 300 余 m^2，购置超低温冰箱 26 台，大型气相液氮罐 2 台，其他液氮存储装置 5 台，样本存储容量达到 100 万份。样本资源库配备 5 名专职人员和 5 名兼职人员，包括正高级研究人员 1 名、副高级研究人员 2 名、初中级工作人员 7 名。

（二）科研成果

1. 样本资源库已成为宣武医院重要的科研支撑平台

近年来，依托样本库获批课题十多项，总金额超过 5000 万元，其中包括"国家重点研发计划精准医学研究专项项目：神经系统疾病专病队列研究""国家重点研发计划重大慢性非传染性疾病防控研究专项项目：神经变性病临床研究大数据与生物样本库平台建设和应用研究""国家重点研发计划精准医学研究专项项目：帕金森相关疾病早期诊断及精准治疗研究"等。

2. 样本资源库助力多项重要的转化医学研究

本院研究团队开发了 3 种针对血液突触核蛋白检测的帕金森病诊断技术，这些技术在样本资源库保藏的 1300 余例临床样本中进行了临床验证，在诊断特异性和敏感性明显优于国际上现有的技术。相关技术获得 3 项国家发明专利，并已经完成向企业的转化，获得转化费 450 万元。

3. 样本资源库推进了药物临床试验的开展和平台建设

近 2 年来，样本资源库参与了 Merck KgaA、北京韩美药品有限公司、施维雅（天津）制药有限公司、惠州信立泰药业有限公司等国内外多家知名药厂申办的药物临床试验，共完成Ⅰ期临床试验 22 项（其中应用生物等效性研究的方法完成健康受试者一致性评价临床试验 19 项，肿瘤患者一致性评价临床试验 1 项，PK/PDⅠ期临床试验 1 项，剂量耐受性试验 1 项）。

（三）发展规划

1. 建设资源共享平台

样本资源库建设的根本目的是为医院学科发展夯实基础，为专家回答科学问题，为转化医学研究提供基本条件。样本资源库实时面向全院公开，使疾病资源获得最大化利用，最大限度激励专家依托资源库大胆提出科学问题、小心求证科学假说，为医院的学科发展和转化医学研究做出应有的贡献。为此，样本资源库建立成为整合网络化信息公布平台和资源共享平台。

2. 将疾病资源库与实验室资源进行整合，构建统一的疾病资源库和转化医学中心

疾病资源库的核心是临床样本，转化研发的基础是实验平台。临床样本通过实验平台转化为数据才能得到永久保存，实验平台只有结合临床样本才能解决转化医学问题。疾病资源和转化研发不可分割，二者的高效统合保障了以医院为主体的转化医学研究的顺利、高效实施，有利于医院掌握可靠的原始实验数据，进而通过共享电子化数据方式与其他单位展开合作。

3. 着眼全局、面向未来，建设一批院级重点项目

疾病资源库建设除了要发挥各个临床科室的能动性，还要广泛调研、统筹智慧，发展一批对于全院的发展可能发挥引领、支撑作用的重点项目。主要包括：一是与体检中心合作建立长期纵向队列；二是与影像学密切结合，促进用于疾病预警诊断的生物标记物的研发，为后续的分级诊疗提供客观依据；三是建设宣武脑库，结合癫痫，尤其是难治性癫痫患者样本和临床信息，建立起从体液到脑组织、从预警到诊断、从精准治疗到预后判断的全方位的癫痫样本库，此外，尝试建立神经系统退行性疾病样本库。

二、复旦大学附属肿瘤医院

复旦大学附属肿瘤医院常见恶性肿瘤临床数据与生物样本库（以下简称"肿瘤组织样本库"）成立于 2006 年。经过 12 年的发展，目前该肿瘤组织样本库已收集恶性肿瘤相关病例资源 20 万例，可供使用样本量达到 200 万份，已建成肿瘤相关领域最大的生物样本库之一。

（一）基本情况

目前收集肿瘤相关生物样本 20 万例，样本种类包括液氮冻存组织、RNAlater 保存组织、石蜡包埋组织、血清、血浆、白细胞、DNA、尿液、唾液、胰液、胆汁和脑脊液等多种类型。肿瘤组织库制定了完整的恶性肿瘤生物样本库全流程标准操作规范、样本共享机制的建立（国际和国内合作申请流程），将肿瘤组织样本库相关工作标准化和制度化。复旦大学附属肿瘤医院常见恶性肿瘤临床数据与生物样本库于 2016 年获得中国人类遗传资源行政许可审批；现为国际生物和环境样本协会（ISBER）会员单位及全国首家在 ISBER 委员会任职的生物样本库；"中国医药生物技术协会组织生物样本库分会"常委单位；"中国生物样本库联盟"发起单位；上海市专业技术服务平台——恶性肿瘤生物样本库服务平台牵头单位；"全国生物样本标准化技术委员会"人类生物样本库标准化工作组成员单位；中国研究型医院学会临床数据与样本资源库专业委员会副主任委员单位。在人才队伍建设方面，依托于本平台，复旦大学附属肿瘤医院常见恶性肿瘤临床数据与生物样本库共计向 417 家单位 756 人次提供参观学习和技术培训服务，向 67 家单位提供进修学习服务。

（二）科研成果

复旦大学附属肿瘤医院常见恶性肿瘤临床数据与生物样本库成立 12 年以来，肿瘤组织库已获生物样本库工作相关发明专利 2 项，实用新型专利 5 项；已经为 430 项科研项目累计提供超过 10 万例高质量的研究样本，并为多项国家科技重大专项提供样本支持，如 2 项国家重点基础研究发展计划（973 计划）、1 项国家高技术研究发展计划（863 计划）、9 项 985 工程优势学科创新平台项目、4 项"十一五"和"十二五"重大专项、1 项国家科技重大专项重大新药创制专项等。在组织库支持下，复旦大学附属肿瘤医院科研产出逐年递增。而在院内共享的同时，复旦大学附属肿瘤医院组织库也为多个国内外科研院所，如美国国家癌症研究院（NCI）、美国 DUKE 大学医学院肿瘤中心、美国西北大学、中国医学科学院协和肿瘤医院、中山大学肿瘤防治中心等，提供科研合作、样本加工、技术支持和人员培训等优质服务。

（三）发展规划

建立恶性肿瘤相关临床数据库和生物样本库，促进肿瘤资源的有效整合、科学管理和高效共享；为恶性肿瘤临床数据提供标准；构建临床大数据共享平台；整合临床、生物样本和组学大数据；为实现恶性肿瘤的精准防控提供支持；为提高国民健康水平打造高质量、高标准的研究资源平台。

第十一章 生物种质资源库

生物种质资源包括动物、植物和微生物种质资源等，是具有实际利用和潜在发展价值且可再生的生物资源。中国是世界生物种质资源最丰富的国家之一，在种类和数量方面都稳居世界前列。本章将分别对中国现有动物、植物及微生物等生物种质资源库进行介绍。

第一节 动物资源库

动物资源库是指畜禽、特种经济动物、野生动物、水产养殖动物、经济昆虫等的活体、细胞、精子、DNA 及胚胎等样本库。

一、基本情况

截至 2015 年 12 月，在全国 96 个动物种质资源保藏机构中，35 个保藏机构隶属于中央级单位，61 个保藏机构隶属于地方单位。隶属于中央级的 35 个保藏机构中，农业农村部占 17 个，教育部占 11 个，国家海洋局占 2 个，其余 5 个中央级机构各占 1 个（图 11-1）。

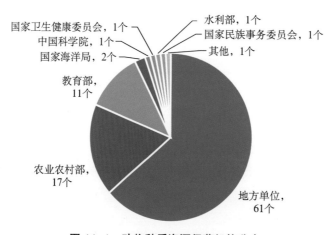

图 11-1 动物种质资源保藏机构分布

二、国家动物种质资源共享服务平台

根据国家科技基础条件平台的建设和运行要求，畜禽动物、水产和寄生虫分别建立了资源共享服务平台，进行资源整合、资源共享、资源更新收集等工作，并向政府、科研单位、高等院校及企业等机构提供试验资源。

（一）畜禽动物种质资源共享服务平台

平台依托中国农业科学院北京畜牧兽医研究所，联合北京农业科学院特产研究所、中国农业大学等科研院所、大专院校和企业，开展资源整合、培训、发放技术资料和图书等工作。国家畜禽动物种质资源共享服务平台主要资源共享情况如表 11-1 所示。

表 11-1　国家畜禽动物种质资源共享情况

品种	活体	细胞	精子	DNA	胚胎
家畜	688	121	219 879	23 700	10 264
家禽	35	35	3500	13 000	0
合计	723	156	223 379	36 700	10 264

（二）国家水产种质资源共享服务平台

该平台以国家水产科学研究院为牵头单位，建立了 10 个保存整合分中心和地方级参加单位的 2 级平台建设运行体系，开展重要养殖生物，各类濒危、珍稀水生动物种质资源的更新收集、整合和社会共享。国家水产种质资源共享服务平台共享情况如表 11-2 所示。

表 11-2　国家水产种质资源共享服务情况

品种	活体	标本	细胞	精子	DNA
鱼类	535	1453	115	67	9539
甲壳类	16	19	5	10	1
贝类	1160	721	20	2	1043
藻类	52	30	50	0	63

（三）寄生虫种质资源共享服务平台

该平台依托中国疾病预防控制中心寄生虫病预防控制所，联合中国农业科学院上海兽医研究所、中国农业科学院兰州兽医研究所等全国 15 个省的 12 家机构，主要开展人体寄生虫、动物寄生虫、人畜共患寄生虫的资源更新收集、整合和社会共享。

三、典型国家动物资源库

（一）基本情况

国家寄生生物种质资源库于 2004 年创建，并于 2017 年成为国家寄生虫种质资源共享服务平台。该资源库建设由中国疾病预防控制中心寄生虫病预防控制所牵头，来自公共卫生、食品安全及动植物检疫等领域的 16 家单位共同参与建设，经历了 14 年的建设与运行，已为临床、动物检疫、植物保护提供咨询检测服务共计 65 938 次，检测动物 15 584 次、检测植物 1180 次，成为为社会搭建知识服务一体化的平台。

（二）人才队伍

国家寄生生物种质资源库实行理事会领导下的管理委员会主任负责制，理事会由 9 人组成。各承担单位负责人组成管理委员会，中国疾病预防控制中心寄生虫病预防控制所所长担任管理委员会主任，各承担单位负责人为管理委员会成员。管理委员会下设工作组，由来自 16 家承担单位的 30 名专业人员组成，具体负责和管理资源库运行。另设专家组，由国内知名高校和科研院所的 9 名专家组成，负责对资源库发展方向、规范审核及技术指标的指导与评估。在 16 家承担单位设置了运行管理人员、寄生虫种质资源收集人员、整理整合人员、分离鉴定人员、数据挖掘分析人员、共享服务人员及技术支撑人员 7 种岗位，共计约 171 人，其中牵头单位 37 人（占 22%），参与单位 127 人（占 74%），外聘专职服务人员 7 人（4%）；高级职称人员 40 人（占 24%），中级职称人员 74 人（占 43%），初级职称人员 57 人（占 33%）。

（三）科研成果

国家寄生生物种质资源库在 3 个方面取得了重要成果。一是建立了中国数量与种类最全的涵盖人体、动物和植物的寄生生物种质资源库，包括原虫、吸虫、绦虫、线虫、节肢动物、软体动物、甲壳动物和其他寄生虫 8 类实物库和数据库；二是建立了多种寄生虫的免疫学和分子生物学检测鉴定新技术 28 项，在寄生虫的检测与鉴定上成为国内一流的技术平台；三是创建了寄生虫病和热带病种质资源中心共享平台及其网站，为国内外重大科研、教学培训、科普、医疗等方面提供多方位的服务。

资源库共为国内外 146 项科研项目和 82 家科研机构提供了 7 大类 21 921 件资源进行实物共享，包括国家传染病科技重大专项、科技支撑计划、国家 863 计划、国家 973 计划、国家自然科学基金和国际项目，协助发表研究论文 288 篇，其中 SCI 收录 106 篇。资源库还为 35 个国家级继续教育培训班和 10 所大专院校及科研院所提供 86 次寄生虫病教学服务，培训 15 099 人次，共计提供 2327 种寄生虫虫种教学资源。资源库现有的标准和规程共 29 项，包括《寄生虫种质资源描述规范》《鸡球虫的保种技术规程》《梨形虫的保种技术规程》《马来布鲁线虫的保种技术规程》等，并出版发行。建立了多种寄生虫病的免疫学和分子生物学检测鉴定新技术 28 项，广泛地应用于公共卫生、食品安全及动植物检疫领域。

第二节　植物资源库

植物种质资源是指来自植物的、具有实际或潜在价值的、含有遗传功能单位的遗传材料。根据《中国植物志》统计，中国有高等植物（包括苔藓植物、蕨类植物、裸子植物和被子植物等）34 000 余种。根据资源调查统计，截至 2015 年年底，中国植物种植资源保藏数量达到 154 万份。按不同分类等级统计，农作物、林木、野生植物种质资源保藏数量分别是 2617 种、2256 种和 9484 种（表 11-3）。

表 11-3　中国植物种质资源保藏数量统计

分类	农作物	林木	野生植物
科	78	204	229
属	256	866	1940
种	2617	2256	9484

一、基本情况

截至 2015 年 12 月，全国共有 316 个植物种质资源保藏机构，其中 110 个保藏机构隶属于中央级单位，206 个保藏机构隶属于地方单位。隶属于中央级单位的 110 个保藏机构中，有 43 个隶属于农业农村部、37 个隶属于国家林业局、13 个隶属于教育部、12 个隶属于中国科学院、4 个隶属于国家卫生健康委、1 个隶属于国家海洋局（图 11-2）。

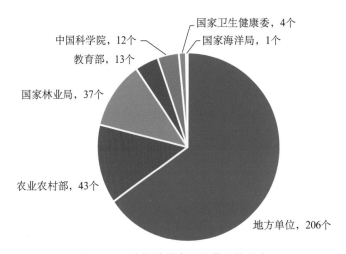

图 11-2　植物种质资源保藏机构分布

二、国家植物种质资源共享服务平台

根据国家科技基础条件平台的建设和运行要求，农作物、林木种质、国家重要野生植物种质资源等也分别建立了资源共享服务平台，进行资源整合、资源共享、资源更新收集等工作，并向政府、科研单位、高等院校及企业等机构提供试验资源。

（一）国家农作物种质资源共享服务平台

该平台主要由 1 个国家长期种质库、1 个青海国家复份种质库、10 个国家中期种质库、23 个升级中期库和 43 个国家种质苗圃共 78 个库圃组成。长期安全保存粮食作物、纤维作物、油料作物、蔬菜、果树、糖烟茶桑、牧草绿肥等 350 多种作物，共 44.1 万份种质。

（二）国家林木种子资源共享服务平台

该平台共整合了全国从事林木种质资源收集、保存、研究、利用和平台网络建设的 70 多个参加单位，包括中国林业科学院下属 9 个研究所（中心）、国际竹藤网络中心、10 个省级林业科学研究院、5 个省级林木种苗管理站、8 所农林院校、12 个国家级自然保护区管理局、12 个市县级林业科学研究所、14 个国有林场和林木良种基地及 4 个植物园。截至 2015 年 12 月，国家林木种质资源平台标准化整理的资源共 204 科、866 属、2256 种，基本涵盖用材树种、经济树种、生态树种、珍稀濒危树种、木本花卉、竹、藤等林木种类。各类资源总量达 8.2 万份，以迁地保存为主，保存林（圃）面积超过 10 000 亩。

（三）国家重要野生植物种质资源平台

该平台由中国科学院昆明植物研究所牵头，联合了中国科学院植物研究所、中国科学院西双版纳热带植物园、塔里木大学、海南大学、云南大学等 15 家单位，致力于野生植物种质资源的收集保存和分发利用，形成了以中国科学院重大设施——中国野生生物种质资源库为核心的重要野生植物种质资源收集保存共享服务平台。自 2005 年开始，平台为 62 个国内外研究机构、大学和部门提供了共11 291 份野生植物种子和活体材料；其研制的保藏技术标准规范应用于约 80 个自然保护区、大学和科研机构，培训了 16 750 名技术人员和学生；近 1.3 亿人次访问了该平台网站。

三、典型国家植物资源库

（一）基本情况

中国西南野生生物种质资源库是发展改革委于 2003 年批准立项的重大科学工程项目，由中国科学院和云南省共建，并依托中国科学院昆明植物研究所进行管理。资源库总体科学目标是建成国际上有重要影响、亚洲一流的野生生物种质资源保存设施和科学体系，使中国的生物战略资源安全得到可靠的保障，为中国生物技术产业发展和生命科学研究源源不断地提供所需的种质资源材料及相关信息和人才，促进中国生物技术产业和社会经济的可持续发展，为中国切实履行国际公约、实现生物多样性的有效保护和实施可持续发展战略奠定物质基础。中国西南野生生物种质资源库包括种子库、植物离体库、DNA库、微生物库（依托云南大学共同建设和运行）、动物种质资源库（依托中国科学院昆明动物研究所共同建设和运行）及植物基因组学和种子生物学实验研究平台6个部分。

该资源库项目于2005年3月开工建设，2007年初步建成并投入试运行，2009年11月通过发展改革委验收。经过11年的运行，现已拥有有效保存野生植物种子、植物离体材料、DNA、微生物菌株、动物种质资源的先进设施，先进的种质资源数据库和信息共享管理系统，以及集功能基因检测、克隆和验证为一体的技术体系和科研平台，具备了强大的野生生物种质资源保藏与研发能力。

截至2017年12月，中国西南野生生物种质资源库已收集保存植物种子、植物离体材料、植物DNA、动物细胞系、微生物菌株等各类种质资源21 666种，22 5522份/株。其中，野生植物种子为9837种，74 738份，占中国种子植物总数的33.6%，分属于229科，1990属，抢救性保护了珍稀濒危物种669种及中国特有4035种植物的种质资源。

（二）人才队伍

中国西南野生生物种质资源库现有10名学科带头人，其中包括国家杰出青年基金获得者1名、科学院"百人计划"8人。培养硕士研究生100余人，博士研究生约50人。资源库负责人李德铢研究员于1996年当选为林奈学会会员，曾获云南省突出贡献奖。团队中有主要成员担任国际种子检测协会种子储藏委员会委员。长期从事野生植物种质资源的收集、保存、质量保证、标准和共享服务的人员63名。

（三）科研成果

针对生物多样性丧失、关键物种灭绝、国家可持续发展受到重大影响等问题，资源库组织全国多单位多学科协作攻关，创建了亚洲最大、国际一流的野生生物种质资源保藏体系，进一步发展了生物多样性保护理论，取得了创新性成果，抢救性地保存了一批珍稀濒危、狭域特有和具有重要价值的种质资源，对推动履行《生物多样性公约》发挥了重要作用，为国家生态文明建设和社会经济发展做出了突出贡献。

①率先建成了亚洲最大的野生生物种质资源库。创建了较为完整的野生生物种质资源保藏体系，在生物多样性热点地区，建成了世界上仅有的两个按国际保存标

准建设的保藏设施之一，建成了国际一流的野生种质资源"诺亚方舟"。通过种子保存、离体保存和 DNA 保存的互补方式，形成了"五库合一"（种子库、植物离体库、DNA 库、动物种质库和微生物种质库）的野生生物种质资源综合保藏体系。

②解决了野生种质资源高效保藏的两大难题。一方面，研制了多项技术标准和规范，标准化了采集、清理、入库、检测、萌发等关键流程，创新了种质资源优先收集保存的 3E 原则，提出了利用群体遗传学原理力求最大限度保存遗传多样性的技术，解决了保藏的高效与优质的难题。另一方面，利用收集保存的种质资源和新技术，在特色植物新品种选育和开发方面取得了一系列新成果。通过建立分级共享的模式，实现了种质资源实物和信息的共享，为解决种质资源保护和利用的矛盾提供了新方案。

资源库获省部级奖励 2 项，发明专利 12 项，新品种权 12 项，出版专著 12 部，发表论文 206 篇（其中 SCI 收录 86 篇）。为 74 个国内外研究机构、大学和部门提供了 11 378 份野生植物种子和活体材料，研制的保藏技术标准规范应用于 105 个自然保护区、大学和科研机构，培训了 1000 余名技术人员和学生。

第三节　微生物资源库

微生物是指除动物、植物以外的微小生物的总称。微生物资源是指所有微生物的菌种资源、基因资源及其相关信息资源。

一、基本情况

截至 2015 年 12 月，根据科技资源调查，全国 90 个微生物种质资源保藏机构中，34 个保藏机构隶属于中央级单位，56 个保藏机构隶属于地方单位。隶属于中央级的 34 个保藏机构中，有 11 个隶属于教育部、8 个隶属于农业农村部、5 个隶属于国家卫生健康委、4 个隶属于中国科学院、2 个隶属于国家海洋局、1 个隶属于国家林业局、1 个隶属于国家民族事业委员会、1 个隶属于国资委、1 个隶属于食品药品监督管理总局。保藏量居前的 10 个微生物菌种保藏机构所保藏的微生物资源总量达到 232 763 株，占全国资源总量的 46.6%。其中，中国普通微生物菌种保藏管理中心

（CGMCC）以资源保藏总量 55 714 株居首位。

二、国家微生物资源共享服务平台

据统计调查数据，中国微生物资源保藏总量达到 50 万株以上。国家微生物资源共享服务平台是中国主要的微生物资源保藏共享机构。截至 2015 年年底，平台累计库藏资源量达到 206 795 株，可共享菌株数达到 136 330 株。平台已整合的微生物资源约占国内资源总数的 41.4%，占全世界微生物资源保存总量的 8.1%。近年来更加注重特殊生态环境微生物资源及专利菌株资源的整合，极大地丰富了库藏资源的多样性。

三、典型国家微生物资源库

（一）基本情况

中国药学微生物菌种保藏管理中心（CPCC）始建于 1958 年，最初为中国科学院微生物研究所菌种保藏室。1979 年 7 月，原国家科学技术委员会批准成立了中国微生物菌种保藏管理委员会（简称"中国菌保会"），下设 7 个专业菌种保藏管理中心，其中，抗生素菌种保藏中心由中国医学科学院抗生素研究所菌种保藏室、四川抗生素研究所和华北制药集团菌种保藏中心 3 个单位组成，负责抗生素微生物菌种资源的收集、鉴定、保藏、供应及国际交流任务。1983 年，中心参与出版了中国第一本全国性的微生物菌种目录"中国菌种目录"。1984 年，作为中国菌保会成员，中心加入了国际菌种保藏联合会（WFCC），这是中心在微生物菌种保藏工作方面的划时代事件。1999 年以后，中心先后获得科技部科技基础工作专项基金、科技基础工作重点项目基金等资助。2005 年以后，由中心牵头与国内另外 7 家从事微生物药物研发的优势单位共同承担了国家科技基础条件平台项目的任务，并鉴于传统抗生素概念的变化，将原中国微生物菌种保藏管理委员会抗生素菌种保藏中心更名为中国药用微生物菌种保藏管理中心（Center for Culture Collection of Pharmaceutical Microorganisms），扩大了菌种资源收集、整理、整合与共享的范围。2011 年 11 月，国家微生物资源平台通过科技部和财政部的平台认定，中国药用微生物菌种保藏管理中心（药学微生物资源子平台）作为其重要组成部分之一，被认定为国家级药用微生物菌种保藏管理专门机构。2014 年，中心更名中国药学微生物菌种保藏管理中心（China Pharmaceutical Culture Collection，CPCC）。

通过近 60 年来的发展建设，中心基础设施和科研条件得到全面提升，现有资源库面积 170 m²，冻干库 50 m²，液氮罐容积 3200 L，超低温冰箱数 12 个，通过冷冻干燥、液氮超低温及 -80℃ 低温冷冻等多种保藏方式保障微生物菌种资源的安全长期保藏。中心已经形成了一支专业、年龄、学历、职称结构科学合理的梯队，建成一支结构合理、开拓创新、爱岗敬业、团结协作的优秀队伍。

（二）人才队伍

中心现有专职人员 22 人，其中，在职人员 19 人，聘任人员 3 人。其中，正高职称 4 人，副高职称 4 人，中级职称 11 人；博士学位 13 人，硕士学位 8 人；从事管理工作的 2 人，从事技术支撑的 8 人，从事共享服务工作的 12 人。另外，还有进行活性评价的兼职人员数名。中心已培养了一批从事微生物资源与药物研发的高层次人才，目前在读博士研究生 4 人，硕士研究生 5 人。团队在以药学微生物为特色的前提下，充分发挥各自专业优势，应用经典和现代科学技术手段，在药学微生物资源的挖掘和利用上不断开拓进取。

（三）科研成果

在菌种资源发现方面，中心通过不断改进分离技术，提高菌种分离水平，发现了大量放线菌、细菌及真菌新物种，并采用传统分类方法和现代分类学相结合的方法，对微生物药物产生菌和筛选菌株进行多相分类学的研究。目前，新物种已经被国外多家知名保藏机构（如德国微生物菌种保藏中心 DSMZ、韩国典型菌种保藏中心 KCTC）保存，实现了微生物资源的国际共享，新物种相关的高水平论文的发表也促进了分类技术和菌种信息资源的社会共享。

在菌种资源应用方面，利用中心保藏的菌种资源获得了多种抗细菌、抗肿瘤、抗真菌、免疫抑制、抗病毒等药物和先导化合物，有些已投入到工业生产中，应用于临床，取得了巨大的经济效益和社会效益，有些还正在研究开发中。此外，中心保藏菌种资源还有力地支撑了国家重大课题的申请和顺利实施，包括"重大新药创制"科技重大专项、重点研发计划、863 计划、973 计划、科技部国际合作和国家自然科学基金等课题。

在菌种服务共享方面，中心利用技术优势，提供微生物多相分类、活性评价、药物筛选、产品检测等优质、高效的服务，为国家重大科研任务顺利实施、企业生产菌株的质量控制、药物品种申报、人才培养及论文发表等提供了有力支撑。为满足企业的技术要求，特别为制药企业通过美国 FDA 认证、欧盟 COS 认证、澳洲 APVMA 认证需求相关的菌株鉴定及技术服务等提供快速通道，为制药企业提高工作效率、获得更大的经济效益提供了有力支撑，获得了企业好评。中心服务对象辐射华北（北京、河北、内蒙古），东北（辽宁），华东（山东、浙江），华南（广东），西南（四川、贵州），西北（甘肃、新疆）及德国和韩国等地区；涉及高等院校、科研院所、军事国防部门及制药、食品企业等单位。

第十二章　国家级高新技术产业开发区

高新技术产业开发区是中国为发展高新技术为目的而设置的特定区域，是依托于智力密集、技术密集和开放环境，通过实行税收和贷款优惠政策和各项改革措施，最大限度地把科技成果转化为现实生产力而建立起来的综合性基地。本章主要对生物医药相关国家高新技术产业开发区的基本情况进行梳理、介绍。

第一节　基本情况

截至 2017 年 12 月，中国共有生物医药相关的国家级高新技术产业开发区（简称"高新区"）124 家（含苏州工业园区），其中绝大多数（121 家）为包括生物医药产业在内的综合性高新技术产业园区，专门从事医药产业的高新技术园区有 3 家（通化医药高新技术产业开发区、泰州医药高新技术产业开发区及本溪高新技术产业开发区）。

一、地域分布

截至 2017 年 12 月，高新区在全国各大区域均有分布，其中高新区数量最多的华东有 43 家，占比超过 35%，其余依次为华中 18 家，西北 15 家，华南、华北各 13 家，东北 12 家，西南 10 家（图 12-1）。按省份来计，数量排名前 3 位的江苏省、山东省和广东省，分别占总数的 10.5%、8.8%、7.3%。根据 2016 生物医药产业综合竞争力排名显示，综合竞争力排名居前 3 位的依次是北京中关村科技园区、上海张江高新区、武汉东湖高新区。

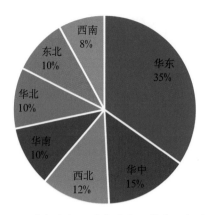

图 12-1　国家级高新区（含生物医药产业）地域分布

二、生物医药总产值

中国生物医药产业规模迅速壮大，2016 年产值达 3.8 万亿元，预计 2030 年生物医药产业占 GDP 的比重将达 15% 左右，成为经济发展的重要增长点。高新区是中国生物医药产业发展的重要载体，自 2010 年起，中国高新区生物医药产业占全国生物医药产业的比重持续上升。2016 年我中心调研样本的高新区生物医药总产值已达 1.03 万亿元，占 2016 年中国生物医药总产值的 27.1%。调研数据显示，高新区生物医药总产值居前 3 位的依次是北京中关村科技园区、通化医药高新区、广州高新区（表 12-1）。

表 12-1　生物医药总产值排名居前 10 位的高新技术产业开发区

排名	生物医药总产值
1	北京中关村科技园区
2	通化医药高新区
3	广州高新区
4	武汉东湖高新区
5	济南高新区
6	石家庄高新区
7	苏州工业园区
8	威海火炬高新区
9	连云港高新区
10	淄博高新区

三、生物医药企业情况

2016 年高新区生物医药企业总数为 19 020 家，孵化器 153 家，加速器 54 家。销售超过 4 亿元的生物医药企业数达 700 余家，其中全国医药工业百强企业中有 92 家在园区落户，销售过亿的生物医药产品达 380 余个。高新区生物医药企业在龙头竞争力、专利申请数及研发投入 3 个方面排名居前 10 位的高新技术产业开发区如表 12-2 所示。

表 12-2 生物医药企业排名居前 10 位的高新技术产业开发区

排名	生物医药龙头竞争力	生物医药专利申请数	生物医药研发投入
1	北京中关村科技园区	北京中关村科技园区	北京中关村科技园区
2	上海张江高新区	天津滨海高新区	武汉东湖高新区
3	石家庄高新区	上海张江高新区	济南高新区
4	武汉东湖高新区	武汉东湖高新区	连云港高新区
5	济南高新区	成都高新区	广州高新区
6	淄博高新区	苏州工业园区	苏州工业园区
7	通化医药高新区	广州高新区	石家庄高新区
8	海口高新区	济南高新区	珠海高新区
9	苏州工业园区	连云港高新区	通化医药高新区
10	连云港高新区	长沙高新区	本溪高新区

四、生物医药人才情况

2016 年高新区生物医药从业人员达 97.7 万人，其中研发人员 22.2 万人，研究生以上学历人员 12.9 万人。高新区拥有长江学者、中科院百人计划和国家杰出青年基金获得者等各类高端人才总数达 900 余人。生物医药从业人员数量和人才竞争力排名居前 10 位的高新技术产业开发区如表 12-3 所示。

表 12-3　生物医药人才排名居前 10 位的高新技术产业开发区

排名	生物医药从业人员数	生物医药人才竞争力
1	北京中关村科技园区	北京中关村科技园区
2	通化医药高新区	济南高新区
3	济南高新区	武汉东湖高新区
4	广州高新区	苏州工业园区
5	苏州工业园区	泰州医药高新区
6	武汉东湖高新区	上海张江高新区
7	石家庄高新区	杭州高新区
8	上海张江高新区	长春高新区
9	淄博高新区	成都高新区
10	成都高新区	株洲高新区

第二节　典型国家级高新技术产业开发区

一、武汉东湖高新技术产业开发区

（一）基本情况

2007 年 6 月，武汉东湖高新技术产业开发区获发展改革委批复为武汉国家生物产业基地（以下简称"光谷生物城"），并于 2008 年 11 月正式开工建设。近 10 年来，光谷生物城产业总收入保持了 30% 左右的年均增长率，于 2017 年突破 1200 亿元，园区聚集生物企业 1800 余家，在科技部中国生物技术发展中心 2017 年发布的国家高新区生物医药产业综合竞争力排名中，东湖高新区名列第 3 位，仅次于北京中关村科技园区和上海张江高新区。

（二）建设成效

1. 建成了分类集聚的专业园区

光谷生物城根据生物产业细分领域的不同特点，规划建设了生物创新园、生物医药园、生物农业园、医疗器械园、智慧健康园、医学健康园和国际生命健康园

7 个专业园区，目前总面积已约达 20 平方千米，累计开工建设面积近 400 万平方米。布局了一批适合企业不同成长阶段的众创空间 / 孵化器 / 加速器，其中包括 6 家国家级孵化器、3 家省级加速器和 5 家省级众创空间，孵化加速总面积 180 万平方米。

2. 集聚了丰富的产业要素资源

一是采用引进培育相结合的模式集聚企业资源。目前已引进了包括辉瑞、费森尤斯等在内的 8 家世界 500 强企业，人福集团、国药集团 2 家百亿元龙头企业，以及华大基因、药明康德、联影医疗、安翰光电、喜康生物、康圣达、明德生物、新华扬和科前生物等一批行业领军企业。二是聚焦"源头创新"集聚人才资源。引进了 4 位诺贝尔奖得主、21 位国内外院士、67 位湖北"百人计划"人才和 485 个光谷"3551"海内外高层次人才团队。三是"股权＋债权＋上市"服务并举，集聚金融资源。目前园区已引进生物基金总规模近 500 亿元，企业累计完成股权融资 94.67 亿元，多项针对性强的金融产品陆续推出，累计信贷支持 64.96 亿元，培育引进了主板或中小创业板上市企业 22 家，"新三板"挂牌企业 29 家。

3. 搭建了较完善的产业创新支撑平台

为解决企业产品研发、转化、注册、生产、物流等产业链环节的共性问题，光谷生物城打造了一批专业公共服务平台。例如，整合武汉大学、华中科技大学、华中农业大学、中科院武汉分院资源共建武汉生物技术研究院，构建串联前沿科学技术和产业一线需求的合作枢纽，促进本地高校和科研院所的科研成果转化；省市区投入 1 亿元建设了专业大型仪器设备共享平台；依托天勤生物、省疾控中心建设了从小鼠到猕猴的药品临床前安全评价和动物实验 GLP 平台；引进同济医院、省中南医院、省人民医院和省妇幼保健院等三甲医院建设光谷院区，帮助企业就近开展药物 GCP 临床试验；依托喜康生物、新药孵化平台、致众科技、百创汇等企业建设了生物药和体外诊断试剂研发及生产平台；集聚了省药监局东湖分局、省药检院、省食检院、省医疗器械检验研究院、武汉药品医疗器械检验所等权威机构，建设了包括注册检验、行政审批在内的"一站式"产品注册服务平台；依托国药集团建设了华中区域最大的药品和医疗器械物流平台；引进了一批法律、财务、咨询、工程设计、知识产权、人力资源等中介服务机构。

4. 形成了特色鲜明的产业集群

光谷生物城已形成了生物医药、生物医学工程、生物农业、精准诊疗、智慧医疗及生物服务为主要特色的产业集群。特别是紧盯产业发展前沿,前瞻性地提出了大力培育和布局精准诊疗的发展方向,重点选取基因检测、医学影像领域打造精准诊断,以个性化靶向药物、细胞免疫治疗为重点布局精准治疗,结合"互联网+"、大数据、人工智能在医疗领域的应用构建智能化健康医疗新模式,抢占行业发展新兴阵地和技术高点。

5. 涌现了一批国内外领先的创新成果

光谷生物城始终把坚持自主创新放在产业培育的首要位置,涌现了一批行业领先的产品和技术。目前已有近400个新药产品在研,其中23个重磅一类新药进入临床;获得400多个二类以上医疗器械注册证进入市场;多项创新医疗技术开展临床应用;40多个作物新品种获得国家审定证书、50多个新兽药和近70个生物农药获得注册登记。其中,植物源提取人血清白蛋白、肿瘤治疗性双抗体药物、体外控制胶囊内窥镜、小口径仿生人造血管、肌母细胞治疗等产品和技术世界领先。

6. 营造了活跃开放的国际化氛围

光谷生物城积极融入全球生物产业发展格局,参与全球技术和业务合作。一是与美国硅谷、法国巴黎基因谷、瑞士日内瓦湖区等40多个海外园区签署了70余项国际合作协议。二是承办了中国生物产业大会、"中国光谷"国际生物健康产业博览会和华创会(生物专场)等综合性博览会活动,中国生物产业大会已明确将会址永久落户在武汉和广州,有效提升了光谷生物产业的国际知名度和影响力。三是积极组织"走出去"引资引智活动,鼓励企业国际化发展。人福集团"十三五"期间先后收购美国主流仿制药企业Epic、技术领先的无菌制剂生产企业Ritedose和全球第二大安全套企业Ansell两性健康业务,与全球最大血液制品企业澳洲CSL集团合作,打造光谷全球血液制品生产基地,并购规模总计约120亿元;世界500强赛诺菲投资8000万美元入股喜康生物,共同开展生物疗法的研发和商业化合作;百创汇、爱博泰克等企业在美国波士顿设立孵化器和工作站,打造引进优质人才团队和技术项目的"桥头堡";一批产品获得美国FDA和欧盟CE等国际认证,走出国门进入海外市场。

7. 辐射带动了全省"1+8"区域园区发展

在省生物产业领导小组的有力推动下，宜昌、十堰、荆门、天门、仙桃、黄石、黄冈和鄂州 8 个地级市均建设了光谷生物城分园区，初步形成了各具特色、功能互补的"1+8"差异化分工体系。省发改委每季度在各园区召开发展调度会，推广光谷生物城成功经验和建设模式，为各区域产业园区发展中遇到的困难、阻碍提供解决思路和借鉴方案；光谷生物城积极利用中国生物产业大会和赴外参展等机会，对"1+8"园区进行整体宣传，多次组织骨干企业赴各分园区进行项目对接，形成了特色鲜明的生物产业辐射带动"湖北模式"。

二、苏州工业园区

（一）基本情况

苏州工业园区隶属江苏省苏州市，行政面积 278 平方千米，是中国和新加坡两国政府间合作的旗舰项目，改革开放试验田、国际合作示范区，苏州工业园区成为全国首个开展开放创新综合试验区域。在苏州市新制定的城市总体设计中，明确了苏州工业园区在"双城双片区"格局中的"苏州新城"地位。

苏州工业园区是中国和新加坡两国政府间的重要合作项目，自 1994 年开发建设以来，已建设成为国内发展水平最高、竞争力最强的国家级开发区之一。综合发展指数居国家级经济开发区第 1 位，国家高新区排名第 5 位。

（二）建设成效

作为苏州工业园区重点发展的战略新兴产业方向之一，近年来园区生物医药产业发展迅速。园区生物医药内外资双轮驱动的发展模式，已在全国以至全球形成品牌效应，初步形成了充满创新活力的生物医药产业生态圈。

2017 年园区生物医药产业产值突破 615 亿元，目前园区已集聚 1100 多家生物医药企业。苏州工业园区生物医药产业以大分子生物药为主，化学药、高端医疗器械、基因技术共同发展，一批世界知名的自主品牌创新型企业加速成长。

针对生物医药产业强调创新的特点，苏州工业园区制定产业创新引导计划，促进研发投入。通过政府引导、政策扶持、集聚企业和社会资源，出台产业促进、人才服务、技术研发、科技服务、知识产权五大板块的政策性文件，形成了较完整的扶持体系，推动生物医药产业发展。园区每年设立各类引导基金、产业基金和扶持补贴资金数十亿元，鼓励生物医药技术领域的创新、成果转化、人才引进与培育、科技金融服务、产学研与国际化等各方面工作。

苏州工业园区始终将生物医药产业作为重要战略新兴产业，全面加大政策聚焦和扶持力度，目前已发展成为国内最集聚的生物医药产业基地和技术创新中心。2017年9月，在中国生物技术发展中心发布的国家高新区生物医药产业综合竞争力50强榜单中，苏州工业园区在总产值、产业竞争力、龙头竞争力、专利申请数、研发投入及从业人员数等方面均排名前10位，其中产业竞争力更是名列第1位。在优越的创新环境构建下，园区集聚了国内外众多高端人才前来创业。截至2017年12月底，苏州工业园区集聚了众多科技人才，生物医药专业技术人才超过2万名。

苏州工业园区积极促进产学研合作、国际交流，着力构建完善生物医药产业生态圈。园区搭建了一批国际交流合作的平台，从前沿科学研究、成果转移转化、新药临床试验等不同领域为企业搭建国际交流平台。如冷泉港亚洲会议中心，目前已建设成为生物医药领域国际科技交流合作的创新平台。同时，园区每年还定期举办产业论坛和峰会。如 ChinaBio 论坛聚焦生物制药、DeviceChina 论坛聚焦医疗器械。近年来，由中国医药创新促进会牵头举办的中国医药创新与投资大会已成为富有中国特色的专业化品牌性医药创新与投资人年度盛会。

展　望

当前，生物技术的迅猛发展对人类生产生活方式乃至思维方式和认知模式都带来了深刻改变。中国正处于由科技大国向科技强国转变的关键时期，建设强大的生物技术基地平台支撑保障体系对抢占生物技术发展战略机遇期、提高国际竞争力、推动中国从生物技术大国向生物技术强国转变具有十分重要的意义。

面对激烈的国际科技竞争，加强国家级基地平台建设已成为生物技术强国战略的必要途径。通过本次摸底梳理，我们欣喜地发现，中国生物技术基地平台在建设规模、类型布局、人才队伍等方面已经取得了长足的进步，正在成为推进中国生物技术领域发展的重要力量。但是，相比美日欧等发达国家在生物技术基地平台投入、建设成果及取得的科研成就，中国仍存在很大差距。因此，今后中国生物技术基地平台建设需要注重以下几个方面的工作。

一是做好顶层设计，优化战略布局。为进一步完善国家基地平台体系建设，针对生物技术领域国家实验室等战略性基地平台缺乏布局的问题，中国应尽早规划部署建设若干体现国家意志、实现国家使命、代表国家水平的生物技术领域国家实验室，并加快建设国家生物信息中心等战略性国家科学数据中心。针对前沿领域生物技术基地平台布局不足的问题，中国应尽快部署新建一批生物技术前沿领域国家重点实验室，强化基础研究和原始创新能力，促进生物技术前沿学科发展。同时，加快部署薄弱或空白的生物技术学科领域。针对功能定位不清晰、领域交叉重复的生物技术基地平台，在评估梳理的基础上，应逐步按照新的功能定位进行合理归并，优化整合，严格遴选标准，严控新建规模，面向国家长远择优择需部署新建一批高水平国家科技创新基地。

二是加强运行管理，健全共享机制。针对基地平台各自为战，条块分割明显，资源共享服务整体水平较低的问题，一方面，要给予资金稳定支持，突出基地平台国家特征与公益性定位，积极探索建立适宜各类型基地平台特点的共享机制；另一方面，还应健全考核评价制度，确保共享与服务平台的稳定运营与发展，目的是加快形成生物技术领域资源开放共享、创新资源有机整合的平台支撑体系。

三是注重统筹兼顾，完善区域布局。针对区域布局不均衡问题，根据国家战略需求及不同类型基地平台特点，进一步优化相关国家生物技术基地平台区域布局。引导和鼓励生物技术相关高新区个性化、规模化、差异化发展，更好地服务区域经济，进一步加速环渤海、长三角、粤港澳大湾区等生物技术产业发展，打造若干生物技术产业聚集区。

　　总之，根据生物技术领域的国家战略需求、前沿科学发展，以及产业创新发展需要，中国将在基地平台建设方面不断加大经费投入力度，以提升自主创新能力为目标，推进生物技术基地平台建设，最终建成布局合理、定位清晰、开放共享、协同高效、管理科学、国际领先的国家生物技术科技创新与支撑服务体系。

图表索引

附　录

附录 A　国家重点实验室目录

序号	实验室名称	主管部门	依托单位	研究领域	所在城市	实验室主任
1	蛋白质与植物基因研究国家重点实验室	教育部	北京大学	基础生物学	北京	朱玉贤
2	天然药物与仿生药物国家重点实验室	教育部	北京大学	药学	北京	周德敏
3	认知神经科学与学习国家重点实验室	教育部	北京师范大学	医学	北京	李武
4	遗传工程国家重点实验室	教育部	复旦大学	基础生物学	上海	马红
5	医学神经生物学国家重点实验室	教育部	复旦大学	基础生物学	上海	郑平
6	亚热带农业生物资源保护与利用国家重点实验室	广西壮族自治区科学技术厅、广东省科技厅	广西大学、华南农业大学	农业科学	南宁、广州	陈保善
7	呼吸疾病国家重点实验室	广东省科技厅	广州医学院	医学	广州	钟南山
8	杂交水稻国家重点实验室	湖南省科技厅、教育部	湖南杂交水稻研究中心、武汉大学	农业科学	长沙、武汉	符习勤
9	生物反应器工程国家重点实验室	教育部	华东理工大学	农业科学	上海	许建和
10	作物遗传改良国家重点实验室	教育部	华中农业大学	农业科学	武汉	张启发
11	农业微生物学国家重点实验室	教育部	华中农业大学	农业科学	武汉	陈焕春

续表

序号	实验室名称	主管部门	依托单位	研究领域	所在城市	实验室主任
12	食品科学与技术国家重点实验室	教育部	江南大学，南昌大学	农业科学	无锡，南昌	金征宇
13	草地农业生态系统国家重点实验室	教育部	兰州大学	农业科学	兰州	南志标
14	医药生物技术国家重点实验室	教育部	南京大学	医学	南京	高翔
15	作物遗传与种质创新国家重点实验室	教育部	南京农业大学	农业科学	南京	丁艳锋
16	生殖医学国家重点实验室	江苏省科技厅	南京医科大学	医学	南京	沙家豪
17	药物化学生物学国家重点实验室	教育部	南开大学	药学	天津	李鲁远
18	细胞应激生物学国家重点实验室	教育部	厦门大学	基础生物学	厦门	韩家淮
19	微生物技术国家重点实验室	教育部	山东大学	基础生物学	济南	张友明
20	作物生物学国家重点实验室	山东省科技厅	山东农业大学	农业科学	泰安	张宪省
21	微生物代谢国家重点实验室	教育部	上海交通大学	基础生物学	上海	邓子新
22	医学基因组学国家重点实验室	教育部	上海交通大学	医学	上海	陈赛娟
23	癌基因与相关基因国家重点实验室	国家卫生健康委员会	上海市肿瘤研究所	医学	上海	高维强
24	生物治疗国家重点实验室	教育部	四川大学	医学	成都	魏于全
25	口腔疾病研究国家重点实验室	教育部	四川大学	医学	成都	周学东
26	病毒学国家重点实验室	教育部	武汉大学，中国科学院武汉病毒研究所	医学	武汉	吴建国
27	旱区作物逆境生物学国家重点实验室	教育部	西北农林科技大学	农业科学	杨凌	康振生
28	家蚕基因组生物学国家重点实验室	教育部	西南大学	农业科学	重庆	夏庆友
29	传染病诊治国家重点实验室	教育部	浙江大学	医学	杭州	李兰娟
30	传染病预防控制国家重点实验室	国家卫生健康委员会	中国疾病预防控制中心	医学	北京	徐建国

续表

序号	实验室名称	主管部门	依托单位	研究领域	所在城市	实验室主任
31	干细胞与生殖生物学国家重点实验室	国家卫生健康委员会	中国科学院动物研究所	基础生物学	北京	周琪
32	农业虫害鼠害综合治理研究国家重点实验室	中国科学院	中国科学院动物研究所	农业科学	北京	戈峰
33	膜生物学国家重点实验室	中国科学院	中国科学院动物研究所、清华大学、北京大学	基础生物学	北京	王世强
34	生化工程国家重点实验室	中国科学院	中国科学院过程工程研究所	基础生物学	北京	马光辉
35	遗传资源与进化国家重点实验室	中国科学院	中国科学院昆明动物研究所	基础生物学	昆明	张亚平
36	植物化学与西部植物资源持续利用国家重点实验室	中国科学院	中国科学院昆明植物研究所	农业科学	昆明	陈纪军
37	植物分子遗传国家重点实验室	中国科学院	中国科学院上海生命科学研究院	基础生物学	上海	薛红卫
38	细胞生物学国家重点实验室	中国科学院	中国科学院上海生命科学研究院	基础生物学	上海	朱学良
39	神经科学国家重点实验室	中国科学院	中国科学院上海生命科学研究院	基础生物学	上海	周嘉伟
40	分子生物学国家重点实验室	中国科学院	中国科学院上海生命科学研究院	基础生物学	上海	李林
41	新药研究国家重点实验室	中国科学院	中国科学院上海药物研究所	药学	上海	蒋华良

续表

序号	实验室名称	主管部门	依托单位	研究领域	所在城市	实验室主任
42	生物大分子国家重点实验室	中国科学院	中国科学院生物物理研究所	基础生物学	北京	许瑞明
43	脑与认知科学国家重点实验室	中国科学院	中国科学院生物物理研究所	医学	北京	何生
44	淡水生态与生物技术国家重点实验室	中国科学院	中国科学院水生生物研究所	农业科学	武昌	聂品
45	微生物资源前期开发国家重点实验室	中国科学院	中国科学院微生物研究所	基础生物学	北京	东秀珠
46	真菌学国家重点实验室	中国科学院	中国科学院微生物研究所	农业科学	北京	刘杏忠
47	植物基因组学国家重点实验室	中国科学院	中国科学院微生物研究所、中国科学院遗传与发育生物学研究所	基础生物学	北京	左建儒
48	植物细胞与染色体工程国家重点实验室	中国科学院	中国科学院遗传与发育生物学研究所	基础生物学	北京	凌宏清
49	分子发育生物学国家重点实验室	中国科学院	中国科学院遗传与发育生物学研究所	基础生物学	北京	杨维才
50	系统与进化植物学国家重点实验室	中国科学院	中国科学院植物研究所	基础生物学	北京	汪小全
51	林木遗传育种国家重点实验室	国家林业局	中国林业科学研究院、东北林业大学	农业科学	北京	卢孟柱
52	农业生物技术国家重点实验室	教育部	中国农业大学	农业科学	北京	李宁
53	植物生理学与生物化学国家重点实验室	教育部	中国农业大学、浙江大学	基础生物学	北京	武维华

续表

序号	实验室名称	主管部门	依托单位	研究领域	所在城市	实验室主任
54	动物营养学国家重点实验室	农业农村部	中国农业大学、中国农业科学院北京畜牧兽医研究所	农业科学	北京	王加启
55	兽医生物技术国家重点实验室	农业农村部	中国农业科学院哈尔滨兽医研究所	农业科学	哈尔滨	王笑梅
56	家畜疫病病原生物学国家重点实验室	农业农村部	中国农业科学院兰州兽医研究所	农业科学	兰州	殷宏
57	棉花生物学国家重点实验室	农业农村部、河南省科技厅	中国农业科学院棉花研究所，河南大学	农业科学	北京	喻树迅
58	植物病虫害生物学国家重点实验室	农业农村部	中国农业科学院植物保护研究所	农业科学	北京	周雪平
59	医学免疫学国家重点实验室	军委后勤保障部	中国人民解放军海军军医大学	医学	上海	曹雪涛
60	创伤、烧伤与复合伤研究国家重点实验室	军委后勤保障部	中国人民解放军陆军军医大学	医学	重庆	蒋建新
61	肿瘤生物学国家重点实验室	军委后勤保障部	中国人民解放军空军军医大学	医学	西安	樊代明
62	病原微生物生物安全国家重点实验室	军委后勤保障部	中国人民解放军军事医学科学院	基础生物学	北京	曹务春
63	蛋白质组学国家重点实验室	军委后勤保障部	中国人民解放军军事医学科学院	基础生物学	北京	贺福初
64	肾脏疾病国家重点实验室	军委后勤保障部	中国人民解放军总医院	医学	北京	陈香美

续表

序号	实验室名称	主管部门	依托单位	研究领域	所在城市	实验室主任
65	水稻生物学国家重点实验室	农业农村部	中国水稻研究所、浙江大学	农业科学	北京、杭州	钱前
66	天然药物活性组分与药效国家重点实验室	教育部	中国药科大学	药学	南京	李萍
67	心血管疾病国家重点实验室	国家卫生健康委员会	中国医学科学院阜外心血管病医院	医学	北京	胡盛寿
68	医学分子生物学国家重点实验室	国家卫生健康委员会	中国医学科学院基础医学研究所	基础生物学	北京	刘德培
69	实验血液学国家重点实验室	国家卫生健康委员会	中国医学科学院血液病医院血液学研究所	医学	天津	程涛
70	天然药物活性物质与功能国家重点实验室	国家卫生健康委员会	中国医学科学院药物研究所	药学	北京	庾石山
71	分子肿瘤学国家重点实验室	国家卫生健康委员会	中国医学科学院肿瘤医院肿瘤研究所	医学	北京	詹启敏
72	眼科学国家重点实验室	教育部	中山大学	医学	广州	刘奕志
73	华南肿瘤学国家重点实验室	教育部	中山大学	医学	广州	曾益新
74	有害生物控制与资源利用国家重点实验室	教育部	中山大学	农业科学	广州	屈良鹄

注：按依托单位汉语拼音排序。

附录 B　国家工程技术研究中心目录

序号	名称	依托单位	研究领域	所在城市
1	国家蛋品工程技术研究中心	北京德青源农业科技股份有限公司	食品科学	北京
2	国家花卉工程技术研究中心	北京林业大学	林学	北京
3	国家母婴乳品健康工程技术研究中心	北京三元股份有限公司	食品科学	北京
4	国家蔬菜工程技术研究中心	北京市农林科学院	农业科学	北京
5	国家淡水渔业工程技术研究中心	北京市水产科学研究所、中国科学院水生生物研究所	水产学	北京
6	国家奶牛胚胎工程技术研究中心	北京首都农业集团公司	农业科学	北京
7	国家作物分子设计工程技术研究中心	北京未名凯拓农业生物技术有限公司	农业科学	北京
8	国家海洋食品工程技术研究中心	大连工业大学	食品科学	大连
9	国家乳业工程技术研究中心	东北农业大学	食品科学	哈尔滨
10	国家大豆工程技术研究中心	东北农业大学、吉林省农业科学院	农业科学	哈尔滨、长春
11	国家数字化医学影像设备工程技术研究中心	东软集团股份有限公司	生物医学工程	沈阳
12	国家茶叶质量安全工程技术研究中心	福建安溪铁观音集团股份有限公司	农业科学	泉州
13	国家甘蔗工程技术研究中心	福建农林大学	农业科学	福州
14	国家菌草工程技术研究中心	福建农林大学	食品科学	福州
15	国家脐橙工程技术研究中心	赣南师范学院	农业科学	赣州
16	国家医疗保健器具工程技术研究中心	广东省医疗器械研究所	生物医学工程	广州
17	国家生猪种业工程技术研究中心	华南农业大学、广东温氏食品集团有限公司	农业科学	广州、云浮
18	国家非粮生物质能源工程技术研究中心	广西科学院	农业科学	南宁

续表

序号	名称	依托单位	研究领域	所在城市
19	国家苗药工程技术研究中心	贵州益佰制药股份有限公司	药物	贵阳
20	国家小麦工程技术研究中心	河南农业大学	农业科学	郑州
21	国家杂粮工程技术研究中心	黑龙江省八一农垦大学，大庆中禾粮食股份有限公司	农业科学	大庆
22	国家生物农药工程技术研究中心	湖北省农业科学院	农业科学	武汉
23	国家药用辅料工程技术研究中心	湖南尔康制药股份有限公司	药物	长沙
24	国家农药创制工程技术研究院	湖南化工研究院	农业科学	长沙
25	国家植物功能成分利用工程技术研究中心	湖南农业大学	农业科学	长沙
26	国家油茶工程技术研究院	湖南省林业科学院	农业科学	长沙
27	国家杂交水稻工程技术研究中心	湖南杂交水稻研究中心	农业科学	长沙
28	国家生化工程技术研究中心	华东理工大学	生物工程	上海
29	国家人体组织功能重建工程技术研究中心	华南理工大学	生物医学工程	广州
30	国家植物航天育种工程技术研究中心	华南农业大学	农业科学	广州
31	国家纳米药物工程技术研究中心	华中科技大学	药物	武汉
32	国家畜工程技术研究中心	华中农业大学，湖北省农业科学院	农业科学	武汉
33	国家油菜工程技术研究中心	华中农业大学，中国农业科学院油料作物研究所	农业科学	武汉
34	国家玉米工程技术研究中心	吉林省农业科学院，山东登海种业股份有限公司	农业科学	长春、莱州
35	国家功能食品工程技术研究中心	江南大学	食品科学	无锡
36	国家靶向药物工程技术研究中心	江苏恒瑞医药股份有限公司	药物	连云港
37	国家兽用生物制品工程技术研究中心	江苏省农业科学院，南京天邦生物科技有限公司	农业科学	南京

续表

序号	名称	依托单位	研究领域	所在城市
38	国家有机类肥料工程技术研究中心	江苏新天地生物肥料工程中心有限公司、南京农业大学	农业科学	南京
39	国家单糖化学合成工程技术研究中心	江西师范大学	食品科学	南昌
40	国家生物防护装备工程技术研究中心	军事医学科学院	生物医学工程	北京
41	国家应急防控药物工程技术研究中心	军事医学科学院	药物	北京
42	国家马铃薯工程技术研究中心	乐陵希森马铃薯产业集团有限公司	农业科学	乐陵
43	国家心脏病介入诊疗器械及设备工程技术研究中心	乐普（北京）医疗器械股份有限公司	生物医学工程	北京
44	国家中成药工程技术研究中心	辽宁华润本溪三药有限公司	药物	本溪
45	国家固态酿造工程技术研究中心	泸州老窖股份有限公司	食品科学	泸州
46	国家手性制药工程技术研究中心	鲁南制药集团股份有限公司	药物	济南
47	国家兽用药品工程技术研究中心	洛阳惠中兽药有限公司	药物	临沂
48	国家生化工程技术研究中心	南京工业大学	生物工程	南京
49	国家肉品质量安全控制工程技术研究中心	南京农业大学、江苏雨润食品产业集团有限公司	食品科学	南京
50	国家经济林木种苗快繁工程技术研究中心	宁夏林业研究所股份有限公司	林学	银川
51	国家枸杞工程技术研究中心	宁夏农林科学院	农业科学	银川
52	国家动物用保健品工程技术研究中心	青岛蔚蓝生物股份有限公司	生物工程	青岛
53	国家传染病诊断试剂与疫苗工程技术研究中心	厦门大学、养生堂有限公司	药物	厦门
54	国家辅助生殖与优生工程技术研究中心	山东大学	生物医学工程	济南
55	国家糖工程技术研究中心	山东大学	食品科学	济南
56	国家胶类中药工程技术研究中心	山东东阿阿胶股份有限公司	药物	东阿

续表

序号	名称	依托单位	研究领域	所在城市
57	国家海藻与海参工程技术研究中心	山东东方海洋科技股份有限公司	水产学	烟台
58	国家苹果工程技术研究中心	山东农业大学	农业科学	泰安
59	国家花生工程技术研究中心	山东省花生研究所	农业科学	青岛
60	国家抗艾滋病病毒药物工程技术研究中心	上海迪赛诺药业有限公司	药物	上海
61	国家家禽工程技术研究中心	上海市家禽育种有限公司	农业科学	上海
62	国家食用菌工程技术研究中心	上海市农业科学院	农业科学	上海
63	国家中药制药工程技术研究中心	上海市中药制药技术有限公司	药物	上海
64	国家生化工程技术研究中心	深圳大学	生物工程	深圳
65	国家医用诊断仪器工程技术研究中心	深圳迈瑞生物医疗电子股份有限公司	生物医学工程	深圳
66	国家眼科诊断与治疗设备工程技术研究中心	首都医科大学附属北京同仁医院	生物医学工程	北京
67	国家生物医学材料工程技术研究中心	四川大学	生物医学工程	成都
68	国家大容量注射剂工程技术研究中心	四川科伦药业股份有限公司	生物医学工程	成都
69	国家粳稻工程技术研究中心	天津天隆农业科技有限公司	农业科学	天津
70	国家卫生信息共享技术及应用工程技术研究中心	万达信息股份有限公司，上海申康医院发展中心	医学	上海
71	国家海产贝类工程技术研究中心	威海长青海洋科技股份有限公司	水产学	威海
72	国家眼视光工程技术研究中心	温州医科大学	医学	温州
73	国家联合疫苗工程技术研究中心	武汉生物制品研究所有限责任公司	药物	武汉
74	国家微检测工程技术研究中心	西北大学，陕西北美基因股份有限公司	药物	西安
75	杨凌农业生物技术育种中心	西北农林科技大学	农业科学	杨凌
76	国家棉花工程技术研究中心	新疆农业科学院，新疆农垦科学院	农业科学	乌鲁木齐、石河子

续表

序号	名称	依托单位	研究领域	所在城市
77	国家瓜类工程技术研究中心	新疆西域实业集团有限责任公司	农业科学	昌吉
78	国家桑蚕茧丝产业工程技术研究中心	鑫缘茧丝绸集团股份有限公司	农业科学	南通
79	国家观赏园艺工程技术研究中心	云南省农业科学院	农业科学	昆明
80	国家化学原料药合成工程技术研究中心	浙江工业大学	药物	杭州
81	国家海洋药物工程技术研究中心	中国海洋大学	药物	青岛
82	国家天然药物工程技术研究中心	中国科学院成都生物研究所，成都地奥制药集团有限公司	药物	成都
83	国家生化工程技术研究中心	中国科学院过程工程研究所	生物工程	北京
84	国家果蔬加工工程技术研究中心	中国农业大学	农业科学	北京
85	国家饲料工程技术研究中心	中国农业大学，中国农业科学院饲料研究所	农业科学	北京
86	国家茶产业工程技术研究中心	中国农业科学院茶叶研究所	农业科学	杭州
87	国家柑桔工程技术研究中心	中国农业科学院柑桔研究所，重庆三峡建设集团有限公司	农业科学	重庆
88	国家免疫生物制品工程技术研究中心	中国人民解放军陆军军医大学	药物	重庆
89	国家肉类加工工程技术研究中心	中国肉类食品综合研究中心	食品科学	北京
90	国家黄酒工程技术研究中心	中国绍兴黄酒集团有限公司	食品科学	绍兴
91	国家干细胞工程技术研究中心	中国医学科学院血液学研究所	生物医学工程学	天津
92	国家新药开发工程技术研究中心	中国医学科学院药物研究所	药物	北京
93	国家棉花加工工程技术研究中心	中棉工业有限责任公司	农业科学	北京
94	国家中药现代化工程技术研究中心	珠海丽珠医药集团股份有限公司，广州中医药大学	药物	广州、珠海

注：按依托单位汉语拼音排序。

附录C 国家工程研究中心目录

序号	名称	依托单位	研究领域	所在城市
1	发酵技术国家工程研究中心	安徽丰原发酵技术有限公司、江南大学等	生物工程	蚌埠
2	生物芯片北京国家工程研究中心	北京博奥生物芯片有限公司	生物工程	北京
3	病毒生物技术国家工程研究中心	北京凯因生物技术有限公司	生物工程	北京
4	新型疫苗国家工程研究中心	北京微谷生物医药有限公司	药物	北京
5	蛋白质药物国家工程研究中心	北京正旦国际科技有限公司	药物	北京
6	中药复方新药开发国家工程研究中心	北京中研同仁堂医药研发有限公司	药物	北京
7	手性药物国家工程研究中心	成都凯丽制手性技术有限公司	药物	成都
8	基因工程药物国家工程研究中心	广东暨大基因药物有限公司	药物	广州
9	南海海洋生物技术国家工程研究中心	广东中大南海海洋生物有限公司	生物技术	广州
10	中药提取分离过程现代化国家工程研究中心	广州汉方现代中药有限公司	药物	广州
11	人类干细胞国家工程研究中心	湖南海利惠霖生命科技有限公司	生物医学工程	长沙
12	微生物制药国家工程研究中心	华北制药集团新药有限公司	药物	石家庄
13	微生物农药国家工程研究中心	华中农业大学	农业	武汉
14	大豆国家工程研究中心	吉林东创大豆科技发展有限公司	农业	长春
15	中药固体制剂制造技术国家工程研究中心	江西中医药大学	药物	南昌
16	中药制药工艺技术国家工程研究中心	南京海陵中药制药工艺有限公司	药物	南京
17	组织工程国家工程研究中心	上海国睿生命科技有限公司	生物技术	上海
18	抗体药物国家工程研究中心	上海抗体药物国家工程研究中心有限公司	药物	上海
19	纳米技术及应用国家工程研究中心	上海纳米技术及应用有限公司	生物工程	上海

续表

序号	名称	依托单位	研究领域	所在城市
20	生物芯片上海国家工程研究中心	上海生物芯片有限公司	生物技术	上海
21	药物制剂国家工程研究中心	上海现代药物制剂有限公司	药物	上海
22	细胞产品国家工程研究中心	天津昂赛细胞基因工程公司	生物医学工程	天津
23	农业生物多样性应用技术国家工程研究中心	云南农业大学	农业	昆明
24	动物用生物制品国家工程研究中心	中国农业科学院、哈尔滨兽医所等	农业	哈尔滨
25	生物饲料开发国家工程研究中心	中国农业科学院饲料研究所所等	农业	北京

注：按依托单位汉语拼音排序。

附录 D　国家临床医学研究中心目录

序号	疾病领域	依托单位	所在城市	中心主任
1	心血管	中国医学科学院阜外心血管病医院	北京	胡盛寿
2		首都医科大学附属北京安贞医院	北京	马长生
3	神经系统疾病	首都医科大学附属北京天坛医院	北京	赵继宗
4		中国人民解放军南京军区南京总医院	南京	刘志
5	慢性肾病	中国人民解放军总医院	北京	陈香美
6		南方医科大学南方医院	广州	侯凡凡
7	恶性肿瘤	中国医学科学院肿瘤医院	北京	赫捷
8		天津医科大学附属肿瘤医院	天津	郝希山
9		广州医学院第一附属医院	广州	钟南山
10	呼吸系统疾病	北京医院	北京	王辰
11		首都医科大学附属北京儿童医院	北京	申昆玲
12	代谢性	中南大学湘雅二医院	长沙	周智广
13		上海交通大学医学院附属瑞金医院	上海	宁光
14		北京大学第六医院	北京	陆林
15	精神心理疾病	中南大学湘雅二医院	长沙	李凌江
16		首都医科大学附属北京安定医院	北京	马辛
17		中国医学科学院北京协和医院	北京	郎景和
18	妇产疾病	华中科技大学同济医学院附属同济医院	北京	马丁
19		北京大学第三医院	北京	乔杰

续表

序号	疾病领域	依托单位	所在城市	中心主任
20	消化系统疾病	中国人民解放军空军军医大学西京医院	西安	樊代明
21		首都医科大学附属北京友谊医院	北京	张澍田
22		中国人民解放军海军军医大学长海医院	上海	李兆申
23		上海交通大学医学院附属第九人民医院	上海	张志愿
24	口腔疾病	四川大学华西口腔医院	成都	陈谦明
25		北京大学口腔医院	北京	郭传瑸
26		中国人民解放军空军军医大学口腔医院	西安	陈吉华
27	老年疾病	中国人民解放军总医院	北京	范利
28		中南大学湘雅医院	长沙	唐北沙
29		四川大学华西医院	成都	董碧蓉
30		北京医院	北京	王建业
31		复旦大学附属华山医院	上海	周良辅
32		首都医科大学宣武医院	北京	陈彪

注：按疾病领域排序。

附录 E 国家级高新技术产业开发区（含生物医药产业）目录

所在地区	名称
北京市	中关村国家自主创新示范区
上海市	上海张江高新技术产业开发区
	上海紫竹高新技术产业开发区
	上海漕河泾新兴技术开发区
天津市	天津滨海高新技术产业开发区
重庆市	重庆高新技术产业开发区
安徽省	合肥高新技术产业开发区
	蚌埠高新技术产业开发区
	芜湖高新技术产业开发区
福建省	福州高新技术产业开发区
	厦门火炬高技术产业开发区
	漳州高新技术产业开发区
	三明高新技术产业开发区
甘肃省	兰州高新技术产业开发区
	白银高新技术产业开发区
	酒泉高新技术产业开发区
广东省	中山火炬高技术产业开发区
	广州高新技术产业开发区
	深圳高新技术产业开发区
	佛山高新技术产业开发区
	肇庆高新技术产业开发区
	珠海高新技术产业开发区
	东莞松山湖高新技术产业开发区
	汕头高新技术产业开发区
	清远高新技术产业开发区
广西壮族自治区	桂林高新技术产业开发区
	南宁高新技术产业开发区
	北海高新技术产业开发区

续表

所在地区	名称
贵州省	贵阳高新技术产业开发区
	安顺高新技术产业开发区
海南省	海口高新技术产业开发区
河北省	石家庄高新技术产业开发区
	保定高新技术产业开发区
	唐山高新技术产业开发区
	燕郊高新技术产业开发区
	承德高新技术产业开发区
河南省	郑州高新技术产业开发区
	洛阳高新技术产业开发区
	安阳高新技术产业开发区
	南阳高新技术产业开发区
	新乡高新技术产业开发区
黑龙江省	佳木斯高新技术产业开发区
	伊春高新技术产业开发区
	大庆高新技术产业开发区
	牡丹江高新技术产业开发区
湖北省	武汉东湖高新技术开发区
	襄阳高新技术产业开发区
	宜昌高新技术产业开发区
	孝感高新技术产业开发区
	荆门高新技术产业开发区
	仙桃高新技术产业开发区
	黄冈高新技术产业园区
	随州高新技术产业园区
湖南省	长沙高新技术产业开发区
	郴州高新技术产业开发区
	湘潭高新技术产业开发区
	益阳高新技术产业开发区
	衡阳高新技术产业开发区

续表

所在地区	名称
吉林省	通化医药高新技术产业开发区
	长春高新技术产业开发区
	吉林高新技术产业开发区
江苏省	泰州医药高新技术产业开发区
	徐州高新技术产业开发区
	苏州高新技术产业开发区
	苏州工业园区
	南京高新技术产业开发区
	淮安高新技术产业开发区
	无锡高新技术产业开发区
	江阴高新技术产业开发区
	常熟高新技术产业开发区
	连云港高新技术产业开发区
	扬州高新技术产业开发区
	昆山高新技术产业开发区
	常州高新技术产业开发区
江西省	南昌高新技术产业开发区
	新余高新技术产业开发区
	吉安高新技术产业园区
	鹰潭高新技术产业开发区
	抚州高新技术产业开发区
辽宁省	沈阳高新技术产业开发区
	大连高新技术产业开发区
	鞍山高新技术产业开发区
	辽阳高新技术产业开发区
	本溪高新技术产业开发区
内蒙古自治区	包头稀土高新技术产业开发区
	呼和浩特金山高新技术产业开发区
	鄂尔多斯高新技术产业开发区
宁夏回族自治区	银川高新技术产业开发区
青海省	青海高新技术产业开发区

续表

所在地区	名称
山东省	威海火炬高技术产业开发区
	济南高新技术产业开发区
	青岛高新技术产业开发区
	淄博高新技术产业开发区
	潍坊高新技术产业开发区
	济宁高新技术产业开发区
	烟台高新技术产业开发区
	临沂高新技术产业开发区
	泰安高新技术产业开发区
	德州高新技术产业开发区
	莱芜高新技术产业开发区
山西省	太原高新技术产业开发区
	长治高新技术产业开发区
	晋城经济技术开发区
陕西省	西安高新技术产业开发区
	杨凌农业高新技术产业示范区
	宝鸡高新技术产业开发区
	渭南高新技术产业开发区
	榆林高新技术产业开发区
	咸阳高新技术产业园区
	安康高新技术产业开发区
四川省	成都高新技术产业开发区
	乐山高新技术产业开发区
	泸州高新技术产业开发区
	德阳高新技术产业开发区
	内江高新技术产业开发区
新疆维吾尔自治区	乌鲁木齐高新技术产业开发区
	昌吉高新技术产业开发区
	石河子高新技术产业开发区

所在地区	名称
云南省	昆明高新技术产业开发区
	玉溪高新技术产业开发区
浙江省	宁波高新技术产业开发区
	温州高新技术产业开发区
	衢州高新技术产业开发区
	湖州莫干山高新技术产业园区

注：按所在直辖市及省份汉语拼音排序。

附录 F　国际联合研究中心目录

序号	名称	依托单位	推荐部门	研究领域	所在地区	中心主任
1	干细胞国际联合研究中心	北京大学	教育部科技司	医学	北京市	郭传瑸
2	口腔医学国际联合研究中心	北京大学口腔医学院	教育部科技司	医学	北京市	郭传瑸
3	转化医学与临床研究国际联合研究中心	北京大学医学部	教育部科技司	医学	北京市	詹启敏
4	蛋白质组学国际联合研究中心	北京蛋白质组研究中心	北京市科学技术委员会	生物学	北京市	秦钧
5	空天生物工程国际联合研究中心	北京航空航天大学生物与医学工程学院	工业和信息化部科技司	生物医学工程	北京市	怀进鹏
6	中美口腔干细胞国际联合研究中心	北京泰盛生物科技有限公司	北京市科委	生物医学工程	北京市	周彦恒
7	中医药防治糖尿病国际联合研究中心	北京中医药大学	教育部科技司	医学	北京市	安龙
8	基因工程模式动物国际联合研究中心	大连医科大学	辽宁省科学技术厅	医学	辽宁省	吴英杰
9	人类干细胞库国际联合研究中心	东北师范大学	吉林省科学技术厅	生物医学工程	吉林省	李玉新
10	发育与疾病国际联合研究中心	复旦大学	上海市科学技术委员会	医学	上海市	许田
11	生物靶向诊治国际联合研究中心	广西医科大学	广西壮族自治区科学技术厅	医学	广西壮族自治区	赵永祥
12	中－细区域性重大疾病防治国际联合研究中心	海南医学院第一附属医院	海南省科学技术厅	医学	海南省	李丽
13	动物免疫学国际联合研究中心	河南农业大学牧医学院	河南省科学技术厅	兽医科学	河南省	张改平
14	催化技术国际联合研究中心	黑龙江大学	黑龙江省科学技术厅	化学	黑龙江省	吴伟

续表

序号	名称	依托单位	推荐部门	研究领域	所在地区	中心主任
15	亚欧水资源研究利用国际联合研究中心	湖南省水资源研究利用合作中心筹建办公室	湖南省科学技术厅	环境科学	湖南省	张灿明
16	感知生物技术国际联合研究中心	华中科技大学分子生物物理教育部重点实验室	湖北省科学技术厅	生物技术	湖北省	刘剑峰
17	动物遗传育种与繁殖国际联合研究中心	华中农业大学动物科技学院	湖北省科学技术厅	农业科学	湖北省	杨利国
18	智能生物传感技术与健康国际联合研究中心	华中师范大学化学学院	驻澳大利亚悉尼总领事馆	生物医学工程	湖北省	杨光富
19	微结构化学国际联合研究中心	吉林大学	吉林省科学技术厅	化学	吉林省	杨柏
20	表观遗传医药与人类疾病动物模型国际联合研究中心	吉林大学第一医院	吉林省科学技术厅	医学	吉林省	杨永广
21	食用菌新种质资源创制国际联合研究中心	吉林农业大学	吉林省科学技术厅	食品科学	吉林省	李玉
22	益生菌与肠道健康国际联合研究中心	江南大学食品学院	江苏省科学技术厅	食品科学	江苏省	陈卫
23	机器人微创心血管外科国际联合研究中心	解放军总医院	原总后勤部	医学	北京市	高长青
24	环境与人类健康国际联合研究中心	南京医科大学	江苏省科学技术厅	医学	江苏省	沈洪兵
25	生物催化技术国际联合研究中心	青岛蔚蓝生物集团有限公司	青岛市科学技术局	生物工程	山东省	王华明
26	分子中医药学国际联合研究中心	山西中医学院	山西省科学技术厅	药物	山西省	冯前进
27	系统生物医学国家级国际联合研究中心	上海交通大学系统生物医学研究院（上海系统生物医学研究中心）	上海市科学技术委员会	医学	上海市	韩泽广

续表

序号	名称	依托单位	推荐部门	研究领域	所在地区	中心主任
28	上海转化医学国际联合研究中心	上海交通大学医学院	上海市科学技术委员会	医学	上海市	陈国强
29	上海中医药国际创新园	上海市生物医药科技产业促进中心	上海市科学技术委员会	医学	上海市	袁泉
30	儿童健康发展国际联合研究中心	首都医科大学附属北京儿童医院	北京市科学技术委员会	医学	北京市	倪鑫
31	口腔疾病国际联合研究中心	四川大学华西口腔医学院	四川省科学技术厅	医学	四川省	周学东
32	基因组资源国际联合研究中心	苏州大学剑桥－苏大基因组资源中心	江苏省科学技术厅	医学	江苏省	徐璎
33	创新药物国际联合研究中心	天津天士力集团有限公司	天津市科学技术委员会	药物	天津市	闫希军
34	干细胞与再生医学国际联合研究中心	同济大学	上海市科学技术委员会	医学	上海市	裴钢
35	再生医学与神经遗传国际联合研究中心	温州医科大学	驻美国大使馆	医学	浙江省	吕帆
36	中亚区域跨境有害生物联合控制国际联合研究中心	新疆师范大学	新疆维吾尔自治区科学技术厅	环境科学	新疆维吾尔自治区	卫利・巴拉提
37	新疆肿瘤学国际合作研究中心	新疆医科大学附属肿瘤医院	新疆维吾尔自治区科学技术厅	医学	新疆维吾尔自治区	王喜艳
38	卫生部肝胆肠外科研究中心	长沙人卫医药科技有限公司	原卫生部国际合作司	医学	湖南省	张阳德
39	细胞与基因治疗国际联合研究中心	郑州大学	河南省科学技术厅	医学	河南省	王尧河
40	艾滋病和新发再发传染病合作基地	中国疾病预防控制中心	原卫生部国际合作司	医学	北京市	王宇

续表

序号	名称	依托单位	推荐部门	研究领域	所在地区	中心主任
41	热带病国际联合研究中心	中国疾病预防控制中心寄生虫病预防控制所	国家卫生健康委员会	医学	上海市	周晓农
42	系统生物学与中药国际合作研发中心	中国科学院大连化学物理研究所	中国科学院国际合作局	药物	辽宁省	梁鑫淼
43	细胞治疗国际联合研究中心	中国科学院动物研究所	中国科学院国际合作局	医学	北京市	周琪
44	生物医药与健康国际联合研究中心	中国科学院广州生物医药与健康研究院	广东省科学技术厅	药物	广东省	裴端卿
45	生命科学国际研发中心	中国科学院上海巴斯德研究所上海巴斯德研究所	上海市科学技术委员会	生物学	上海市	孙兵
46	微生物国际研发中心	中国科学院微生物研究所	中国科学院国际合作局	生物学	北京市	刘双江
47	新生疾病和病毒病理学国际研发中心	中国科学院武汉病毒研究所	湖北省科学技术厅	医学	湖北省	袁志明
48	精准医学生物治疗国际联合研究中心	中国人民解放军陆军军医大学	重庆市科学技术委员会	医学	重庆市	王云贵
49	心血管疾病国际联合研究中心	中国人民解放军陆军军医大学第三附属医院	重庆市科学技术委员会	医学	重庆市	曾春雨
50	食品真实性与安全国际联合研究中心	中国食品发酵工业研究院	中国轻工集团公司	食品科学	北京市	蔡木易
51	中德发酵酒品质与安全国际联合研究中心	中国食品发酵工业研究院	中国轻工集团公司	食品科学	北京市	宋全厚

续表

序号	名称	依托单位	推荐部门	研究领域	所在地区	中心主任
52	中德分子生物学合作研究基地	中国医学科学院阜外心血管病医院	原卫生部国际合作司	医学	北京市	惠汝太
53	中澳中医药国际联合研究中心	中国中医科学院西苑医院	北京市科学技术委员会	药物	北京市	刘建勋
54	生物物理国际联合研究中心	中科院生物物理所	中国科学院国际合作局	生物学	北京市	徐涛
55	癌症化学预防国际联合研究中心	中美（河南）荷美尔肿瘤研究院	河南省科学技术厅	医学	河南省	董子刚
56	医学代谢组学国际联合研究中心	中南大学湘雅医院	驻美国休斯敦总领事馆	医学	湖南省	夏阳、陶立坚、陈翔
57	转化医学国际联合研究中心	中山大学	广东省科学技术厅	医学	广东省	黎孟枫
58	中意中医药联合实验室	中意中医药联合实验室	天津市科学技术委员会	药物	天津市	张伯礼

注：按依托单位汉语拼音排序。

附录 G 示范型国际科技合作基地目录

序号	基地名称	依托单位	推荐部门	研究领域	所在地区	负责人
1	抗体及治疗性疫苗产业化国际科技合作基地	百泰生物药业有限公司	北京市科学技术委员会	药物	北京市	白先宏
2	新型抗体及治疗性重白药物前沿技术国际科技合作基地	北京东方百泰生物科技有限公司	北京市科学技术委员会	药物	北京市	白义
3	孕妇个体营养国际科技合作基地	北京四海华辰科技有限公司	北京市科学技术委员会	食品科学	北京市	李利明
4	中医药防治重大疾病国际合作研究基地	北京中医药大学	教育部科技司	医学	北京市	王庆国
5	中医药防治疑难杂病国际合作研究基地	北京中医药大学生命科学学院	驻美国大使馆	医学	北京市	徐安龙
6	大熊猫保护研究与教育国际科技合作基地	成都大熊猫繁育研究基地	四川省科学技术厅	动物学	四川省	张志和
7	成都中医药大学国际科技合作基地	成都中医药大学	四川省科学技术厅	药物	四川省	梁繁荣
8	超声医疗国际科技合作基地	重庆海扶（HIFU）技术有限公司	重庆市科学技术委员会	医学	重庆市	王智彪
9	儿童发育重大疾病国际科技合作基地	重庆医科大学附属儿童医院	重庆市科学技术委员会	医学	重庆市	李廷玉
10	中药化学领域国际科技合作基地	大连富生天然药物开发有限公司	大连市科学技术局	药物	辽宁省	富力

续表

序号	基地名称	依托单位	推荐部门	研究领域	所在地区	负责人
11	海珍品精深加工国际科技合作创新基地	大连工业大学	大连市科学技术局	食品科学	辽宁省	朱蓓薇
12	大连海晏堂国际科技合作基地	大连海晏堂生物有限公司	大连市科学技术局	食品科学	辽宁省	邵俊杰
13	肿瘤治疗转化医学国际科技合作基地	大连医科大学	辽宁省科学技术厅	医学	辽宁省	刘强
14	干细胞移植与再生医学国际科技合作基地	大连医科大学附属第一医院中英再生医学应用研究中心	大连市科学技术局	生物医学工程	辽宁省	刘晶
15	生物医药研发动物实验国际科技合作基地	东莞松山湖明珠实验动物科技有限公司	广东省科学技术厅	药物	广东省	顾为望
16	现代人类学国际科技合作基地	复旦大学	上海市科学技术委员会	生命科学	上海市	金力
17	医学表观遗传与分子代谢国际科技合作基地	复旦大学生物医学研究院	上海市科学技术委员会	医学	上海市	杨芄原
18	西北地区肉羊肉牛遗传改良国际科技合作基地	甘肃农业大学	甘肃省科学技术厅	农业科学	甘肃省	罗玉柱
19	中医药防治慢性病国际科技合作基地	甘肃中医学院	甘肃省科学技术厅	医学	甘肃省	李金田
20	广东省中医院中医药示范型国际科技合作基地	广东省中医院	国家中医药管理局合作司	药物	广东省	陈达灿
21	亚热带农业生物资源保护与利用国际科技合作基地	广西大学	广西壮族自治区科学技术厅	农业科学	广西壮族自治区	赵跃宇

续表

序号	基地名称	依托单位	推荐部门	研究领域	所在地区	负责人
22	广西林业国际科技合作基地	广西壮族自治区林业科学研究院	广西壮族自治区科学技术厅	林学	广西壮族自治区	袁铁象
23	广州中医药大学国际科技合作基地	广州中医药大学	广东省科学技术厅	药物	广东省	王省良
24	贵阳医学院国际科技合作基地	贵阳医学院	贵州省科学技术厅	医学	贵州省	郭兵
25	贵州大学国际科技合作基地	贵州大学绿色农药与农业生物工程国家重点实验室	贵州省科学技术厅	农业科学	贵州省	宋宝安
26	国家传染病诊断试剂与疫苗工程技术研究中心	国家传染病诊断试剂与疫苗工程技术研究中心	厦门市科学技术局	药物	福建省	夏宁邵
27	生物医用材料国际科技合作基地	国家生物医学材料工程技术研究中心（四川大学）	四川省科学技术厅	生物医学工程	四川省	顾忠伟
28	寒地重大心血管疾病国际科技合作基地	哈尔滨医科大学	黑龙江省科学技术厅	医学	黑龙江省	杨宝峰
29	热带特色医疗国际科技合作基地	海口市人民医院	海南省科学技术厅	医学	海南省	白志明
30	生物技术应用研究国际科技合作基地	合肥天麦生物科技发展有限公司	安徽省科学技术厅	生物工程	安徽省	高小明
31	老年医学国际科技合作基地	河北联合大学	河北省科学技术厅	医学	河北省	杨方
32	河北医科大学第四医院国际科技合作基地	河北医科大学第四医院	河北省科学技术厅	医学	河北省	单保恩
33	超级小麦遗传育种国际合作研究试验站	河南天民种业有限公司	河南省科学技术厅	农业科学	河南省	沈天民

续表

序号	基地名称	依托单位	推荐部门	研究领域	所在地区	负责人
34	河南中医学院国际合作基地	河南中医学院	河南省科学技术厅	医学	河南省	李真
35	黑龙江中医药国际科技合作基地	黑龙江中医药大学	黑龙江省科学技术厅	药物	黑龙江省	匡海学
36	湖北广济药业股份有限公司国际科技合作基地	湖北广济药业股份有限公司	湖北省科学技术厅	药物	湖北省	何谥
37	湖北省科技信息研究院国际科技合作基地	湖北省科技信息研究院	湖北省科学技术厅	生命科学	湖北省	肖平
38	生物医学和生命分析化学国际科技合作基地（湖南大学）	湖南大学	湖南省科学技术厅	医学	湖南省	谭拥军
39	湖南药用植物资源国际科技合作研发中心	湖南农业大学	湖南省科学技术厅	药物	湖南省	刘仲华
40	洞庭湖流域生态系统管理与水资源可持续利用国际科技合作基地	湖南省林业科学院	湖南省科学技术厅	环境科学	湖南省	张灿明
41	微生物和生物技术创新药物研发国际科技合作基地	华北制药集团新药研发有限责任公司	河北省科学技术厅	药物	河北省	段宝玲
42	热带特色健康食品国际科技合作基地	华南理工大学	广东省科学技术厅	食品科学	广东省	扶雄
43	华中科技大学基因工程国际科技合作基地	华中科技大学生命科学与技术学院	湖北省科学技术厅	生物工程	湖北省	何光源
44	鹿业工程国际科技合作基地	吉林省中韩动物科学研究院	吉林省科学技术厅	动物学	吉林省	王艳梅
45	暨南大学-香港中文大学再生医学联合重点实验室	暨南大学	广东省科学技术厅	医学	广东省	蔡冬青

续表

序号	基地名称	依托单位	推荐部门	研究领域	所在地区	负责人
46	中药国际科技合作基地	江苏康缘药业股份有限公司	江苏省科学技术厅	药物	江苏省	萧伟
47	先声创新药物研发国际科技合作基地	江苏先声药业有限公司	江苏省科学技术厅	药物	江苏省	檀爱民
48	生物医药医疗国际科技合作基地	江西豪海生物医药孵化器发展有限公司	江西省科学技术厅	药物	江西省	曾旭辉
49	中国（云南）灵长类实验动物与动物实验国际合作基地	昆明亚灵生物科技有限公司	云南省科学技术厅	动物学	云南省	季维智
50	兰州大学生物制药国际科技合作基地	兰州大学	甘肃省科学技术厅	药物	甘肃省	安黎哲
51	洛阳高新区国际科技合作基地	洛阳高新技术产业开发区管委会	河南省科学技术厅	药物	河南省	孟建国
52	南昌大学食品安全国家国际科技合作基地	南昌大学	江西省科学技术厅	食品科学	江西省	谢明勇
53	南京艾德凯腾生物医药有限责任公司科技部国际合作基地	南京艾德凯腾生物医药有限责任公司	江苏省科学技术厅	药物	江苏省	王雪根
54	肿瘤免疫与生物疫苗国际科技合作基地	南开大学	天津市科学技术委员会	药物	天津市	向荣
55	光学与光子学国际科技合作基地	南开大学	天津市科学技术委员会	生物物理	天津市	许京军
56	青岛动物用保健品国际科技合作基地	青岛康地恩药业股份有限公司	青岛市科学技术局	畜牧学	山东省	蒋贻海
57	青海大学高原医学国际科技合作基地	青海大学	青海省科学技术厅	医学	青海省	格日力

续表

序号	基地名称	依托单位	推荐部门	研究领域	所在地区	负责人
58	青海省畜牧兽医科学院国际科技合作基地	青海省畜牧兽医科学院	青海省科学技术厅	畜牧学	青海省	陈刚
59	青海高原体育科学国际科技合作基地	青海省体育科学研究所	青海省科学技术厅	人口与健康	青海省	马福海
60	环境影响早期个体发育国际科技合作基地	厦门大学附属东方医院	福建省科学技术厅	医学	福建省	林叶青
61	创新药物国际科技合作基地	山东绿叶制药有限公司	山东省科学技术厅	药物	山东省	薛云丽
62	上海中药创新研究中心国际科技合作基地	上海中药创新研究中心	上海市科学技术委员会	药物	上海市	杨子荣
63	Carson 国际肿瘤干细胞疫苗研发基地	深圳大学	驻美国洛杉矶总领事馆	药物	深圳市	Dennis A. Carson
64	基因组学国际科技合作基地	深圳华大基因研究院	深圳市科技创新委	基础生物学	广东省	汪建
65	眼科医药生物技术国际科技合作基地	沈阳绿谷生物技术产业有限公司	辽宁省科学技术厅	药物	辽宁省	何伟
66	新疆地方性高发病国际科技合作基地	石河子大学	新疆生产建设兵团	医学	新疆维吾尔自治区	向本春
67	中医药国际科技合作基地	石家庄以岭药业股份有限公司	河北省科学技术厅	药物	河北省	吴以岭
68	多糖类生物医学材料国际科技合作基地	石家庄亿生堂医用品有限公司	河北省科学技术厅	生物医学工程	河北省	高明
69	石药集团新型制剂与生物医药国际科技合作基地	石药集团有限责任公司	河北省科学技术厅	药物	河北省	蔡东晨

续表

序号	基地名称	依托单位	推荐部门	研究领域	所在地区	负责人
70	国际心血管疾病研究基地	首都医科大学附属北京安贞医院	北京市科学技术委员会	医学	北京市	魏永祥
71	儿童重大疾病国际科技合作基地	首都医科大学附属北京儿童医院	北京市科学技术委员会	医学	北京市	倪鑫
72	苏州高新区国际科技合作基地	苏州国家高新技术产业开发区	江苏省科学技术厅	生物医药	江苏省	钮跃鸣
73	泰州医药高新区国际科技合作基地	泰州医药高新技术产业园区	江苏省科学技术厅	药物	江苏省	吴跃
74	合成生物技术国际科技合作基地	天津大学	天津市科学技术委员会	生物工程	天津市	元英进
75	食品营养与安全和药物化学国际科技合作基地	天津科技大学	天津市科学技术委员会	食品科学	天津市	郁彭
76	大健康生物技术国际科技合作基地	天津科技大学	天津市科学技术委员会	生命科学	天津市	樊振川
77	天津国际生物医药联合研究院国际科技合作基地	天津市国际生物医药联合研究院	天津市科学技术委员会	药物	天津市	饶子和
78	脊髓损伤国际科技合作基地	天津医科大学总医院	天津市科学技术委员会	医学	天津市	冯世庆
79	温州医学院生物医药国际科技合作基地	温州医科大学	浙江省科学技术厅	药物	浙江省	瞿佳
80	无锡生物医药国际科技合作基地	无锡生物医药研发服务外包区	江苏省科学技术厅	药物	江苏省	朱小健
81	新希望农产品加工国际科技合作示范基地	新希望集团有限公司	四川省科学技术厅	农业科学	四川省	李建雄

续表

序号	基地名称	依托单位	推荐部门	研究领域	所在地区	负责人
82	徐州内镜与微创医学国际科技合作基地	徐州市中心医院	江苏省科学技术厅	医学	江苏省	张培影
83	人用疫苗研发生产国际科技合作基地	云南沃森生物技术股份有限公司	云南省科学技术厅	药物	云南省	张翊
84	现代中药国际科技合作基地	长春中医药大学	吉林省科学技术厅	药物	吉林省	高其品
85	肝病和肝移植研究国际科技合作基地	浙江大学医学院附属第一医院	浙江省科学技术厅	医学	浙江省	郑树森
86	出生缺陷诊治国际科技合作基地	浙江大学医学院附属儿童医院	驻美国休斯敦总领事馆	医学	浙江省	舒强
87	检验检疫国际科技合作基地	中国检验检疫科学研究院	国家质量监督检验检疫总局科技司	生物安全	北京市	李莉
88	广东省干细胞与再生医学国际科技合作基地	中国科学院广州生物医药与健康研究院	广东省科学技术厅	生物医学工程	广东省	裴端卿
89	中－德计算生物学国际研究基地	中国科学院－马普学会计算生物学伙伴研究所	上海市科学技术委员会	计算生物学	上海市	韩敬东
90	天津工业生物技术国际科技合作基地	中国科学院天津工业生物技术研究所	中国科学院国际合作局	生物工程	天津市	马延和
91	中亚民族药创新药物研发国际科技合作基地	中国科学院新疆理化技术研究所	新疆维吾尔自治区科学技术厅	药物	新疆维吾尔自治区	阿吉艾克拜尔·艾萨
92	动物用生物制剂研究国际科技合作基地	中国农科院哈尔滨兽医研究所	中国农业科学院	畜牧学	黑龙江省	孔宪刚
93	油料作物品质改良与质量安全国际科技合作基地	中国农科院油料作物研究所	中国农业科学院	农业科学	湖北省	王汉中

续表

序号	基地名称	依托单位	推荐部门	研究领域	所在地区	负责人
94	食品生物技术国家国际科技合作基地	中国食品发酵工业研究院	中国轻工业集团公司	食品科学	北京市	蔡木易
95	南药资源可持续利用国际科技合作基地	中国医学科学院药用植物研究所海南分所	海南省科学技术厅	药物	海南省	魏建和
96	传染病疫苗研发与产业化国际科技合作基地	中国医学科学院医学生物学研究所	云南省科学技术厅	药物	云南省	李琦涵
97	四川抗菌素工业研究所国际科技合作基地	中国医药集团总公司四川抗菌素工业研究所	四川省科学技术厅	药物	四川省	褚以文
98	中国中医科学院国际科技合作基地	中国中医科学院	国家中医药管理局合作司	医学	北京市	张伯礼
99	长非编码RNA与重大疾病国际科技合作基地	中山大学孙逸仙纪念医院	教育部科技司	医学	广东省	宋尔卫

注：按依托单位汉语拼音排序。

附录 H　国家中药现代化科技产业基地目录

序号	基地名称	批准建立年份
1	国家中药现代化科技产业（四川）基地	1998
2	国家中药现代化科技产业（吉林）基地	2000
3	国家中药现代化科技产业（贵州）基地	2001
4	国家中药材规范化种植示范（河北）基地	2001
5	国家中药现代化科技产业（河南）基地	2001
6	国家中药材规范化种植示范（黑龙江）基地	2001
7	国家中药现代化科技产业（湖北）基地	2001
8	国家中药材规范化种植示范（湖南）基地	2001
9	国家中药现代化科技产业（江苏）基地	2001
10	国家中药现代化科技产业（山东）基地	2001
11	国家中药现代化科技产业（云南）基地	2001
12	国家中药现代化科技产业（广东）基地	2003
13	国家中药现代化科技产业（广西）基地	2005
14	国家中药现代化科技产业（江西）基地	2005
15	国家中药现代化科技产业（陕西）基地	2005
16	国家中药现代化科技产业（天津）基地	2005
17	国家中药现代化科技产业（浙江）基地	2005
18	国家中药现代化科技产业（重庆）基地	2007
19	国家中药现代化科技产业（福建）基地	2007
20	国家中药现代化科技产业（内蒙古）基地	2007
21	国家中药现代化科技产业（甘肃）基地	2009
22	国家中药现代化科技产业（宁夏）基地	2009
23	国家中药现代化科技产业（山西）基地	2009
24	国家中药现代化科技产业（海南）基地	2010
25	国家中药现代化科技产业（安徽）基地	2011

注：按建立年份排序，年份相同按省份汉语拼音排序。

附录 1 国家大型科学仪器中心目录

序号	名称	依托单位	研究领域	所在城市	成立年份
1	北京傅里叶变换质谱中心	国家生物医学分析中心	大分子、生物活性物质和新物质结构分析，以及生物制药、生物化学、药物化学等领域的质谱技术研究	北京	2003
2	北京质谱中心	中国科学院化学研究所		北京	1998
3	广州质谱中心	中国科学院广州地球化学研究所		广州	2002
4	上海有机质谱中心	中国科学院上海有机化学研究所		上海	2002
5	长春质谱中心	中国科学院长春应用化学研究所		长春	2004
6	武汉磁共振中心	武汉磁共振中心	生物大分子结构解析，以及以核	武汉	2006
7	北京磁共振脑成像中心	中国科学院、北京医院	磁共振为主要手段的多学科交叉前沿领域创新研究	北京	2004
8	北京磁共振中心	北京大学		北京	2002
9	北京电子显微镜中心	清华大学	电子显微学技术领域新方法、新技术研究及成套设备研发	北京	2008
10	国家X射线数字化成像仪器中心	中国工程物理研究院应用电子学研究所	X射线数字化成像技术新领域新方法、新技术研究及成套设备研发	绵阳	2009
11	中子散射谱仪中心	中国原子能科学研究院	高分子材料、生物材料、胶体界面等软凝聚质结构及物理性能研究	北京	2005

注：按基地类型（质谱、磁共振、电镜、X射线、中子散射）排序。

附录 J　人类遗传资源库目录

序号	依托单位	样本类型		样本量		所在地区	负责人
		实体样本	数据信息	实体样本/份	数据信息/Gb		
1	安徽医科大学	DNA、血清、单核淋巴细胞、液氮快速冻存组织、石蜡包埋组织	—	1.50×10^5	—	安徽省	朱启星
2	北京大学	全血	—	2.00×10^3	—	北京市	章文
3	北京大学第六医院	DNA、cDNA、全血、唾液、尿液、脑脊液	—	7.60×10^4	—	北京市	陆林
4	北京大学第三医院	血清、血浆、胎盘组织、尿液、孕妇头发、新生儿头发	—	4.90×10^4	—	北京市	乔杰
5	北京大学第一医院	DNA、全血、血浆	—	1.20×10^5	—	北京市	丁洁
6	北京大学口腔医学院	全血、颌骨组织样本、病变组织样本	—	1.62×10^4	—	北京市	郭传瑸
7	北京大学人民医院	DNA、cDNA、血清、血浆、尿液、粪便、蛋白	—	1.05×10^5	—	北京市	姜保国
8	北京积水潭医院	全血、血清、血浆、细胞、软骨组织、骨组织、肌腱组织、韧带组织、各种衍生物	—	5.00×10^6	—	北京市	田伟
9	北京肿瘤医院	恶性肿瘤组织样本、恶性肿瘤液体样本	—	1.00×10^4	—	北京市	季加孚
10	大连市第六人民医院	组织、血清、血浆、全血、核酸、蛋白白质、细胞	—	1.50×10^5	—	辽宁省	张勇
11	大连医科大学附属第一医院	组织、血清、血浆、白细胞、核酸、血凝块、骨髓、尿液、分泌物、脑脊液	—	3.99×10^5	—	辽宁省	夏云龙

续表

序号	依托单位	样本类型		样本量		所在地区	负责人
		实体样本	数据信息	实体样本/份	数据信息/Gb		
12	复旦大学	全血、唾液、尿液、粪便、脑脊液、头发、肿瘤组织块、癌旁刺组织块、肺穿刺组织块	—	5.70×10^6	—	上海市	金力
13	复旦大学附属儿科医院	DNA、RNA、RNAlater保存组织、OCT包埋组织、蜡块组织、全血、血浆	测序数据、芯片数据、临床病例信息和随访、知情同意等	1.95×10^5	4.02×10^5	上海市	黄国英
14	复旦大学附属华山医院	血浆、脑脊液、唾液、尿液、粪便、血清、DNA、中枢神经系统疾病组织	数据信息	8.50×10^5	2.44×10^4	上海市	毛颖
15	复旦大学附属肿瘤医院	DNA、外周血、肿瘤组织、正常组织、组织芯片、淋巴瘤样本、胸水、腹水、尿液、临床资料、实验结果、人源性肿瘤异种移植瘤	—	3.94×10^5	—	上海市	孙孟红
16	复旦大学泰州健康科学研究院	DNA、RNA、血浆、血清、白细胞、红细胞、血细胞、血凝块、非抗凝血样、抗凝血样、癌组织样本、正常组织样本、唾液、尿液、粪便、眼沟液、牙菌斑、脑发、指甲	—	1.39×10^6	—	上海市	金力
17	广东省肿瘤研究所	血浆、血清、有核细胞、尿液、组织蜡块、胸腹水、脑脊液、骨髓、组织样本	—	9.95×10^5	—	广东省	吴一龙

续表

序号	依托单位	样本类型		样本量		所在地区	负责人
		实体样本	数据信息	实体样本/份	数据信息/Gb		
18	广东省人民医院	正常组织、肿瘤组织、癌旁组织、血浆、血清、有核细胞、白细胞、尿液、正常组织蜡块、肿瘤组织蜡块、胸腹水、骨髓、脑脊液	—	1.06×10^6	—	广东省	吴一龙
19	广东省心血管病研究所	血清、血浆、白细胞、尿液、组织	—	1.15×10^6	—	广东省	姚桦
20	广西医科大学附属肿瘤医院	肿瘤组织、癌旁组织、切缘远端非癌组织、石蜡组织、血液淋巴细胞、血清、血浆	—	2.35×10^5	—	广西壮族自治区	黎乐群
21	国家心血管病中心	白细胞、血浆、血细胞、红细胞、RNA血、血清、唾液、尿液	—	1.71×10^4	—	北京市	蒋立新
22	哈尔滨工业大学	外周血	组学数据	1.00×10^5	1.00×10^8	黑龙江省	王亚东
23	河北省计划生育科学技术研究院	DNA、血清、全血、膜样组织、血管样组织	—	9.50×10^4	—	河北省	王树松
24	河南省华隆生物技术有限公司	脐带间充质干细胞、脐血干细胞、胎盘多能干细胞、子宫内膜干细胞、脂肪干细胞	—	5.40×10^4	—	河南省	韦丹
25	济宁医学院	DNA、血浆、血清、尿液、石蜡包埋组织、冰冻组织、RNAlater 保存组织、胎儿足底血血片	—	1.83×10^5	—	山东省	白波
26	兰州大学第一医院	血清、血浆、白细胞、液氮快速冻存组织	—	1.50×10^5	—	甘肃省	李汛

续表

序号	依托单位	样本类型 实体样本	数据信息	样本量 实体样本/份	样本量 数据信息/Gb	所在地区	负责人
27	南昌大学第二附属医院	DNA、RNA、血清、血浆、白细胞、尿液、液氮快速冻存组织、RNAlater 保存组织、石蜡包埋组织、脑脊液、囊液、腹腔灌洗液	数据信息	5.00×10^5	2441.00	江西省	邵江华
28	南方医科大学珠江医院	DNA、RNA、血清、全血、白细胞、脑脊液、腹水、尿液、凝块、胸水	病理诊断、血液检测、心电图、CT 等	3.90×10^5	488.28	广东省	王前
29	南京大学医学院附属鼓楼医院	血浆、血清、白细胞、血凝块、组织样本、石蜡组织	病例信息	1.60×10^5	1953.00	江苏省	胡娅莉
30	南京医科大学第一附属医院	DNA、RNA、全血、血浆、血凝块、血细胞、组织、石蜡标本、尿液	基本信息、疾病相关资料、心电图、CT 图、病理报告	9.57×10^5	9765.00	江苏省	唐金海
31	宁波市第二医院	全血、肿瘤组织	—	7.35×10^4	—	浙江省	蔡挺

续表

序号	依托单位	样本类型		样本量			所在地区	负责人
		实体样本	数据信息	实体样本/份	数据信息/Gb			
32	宁夏医科大学总医院	脐带血、血清、血浆、红细胞、白细胞、淋巴细胞、尿液、胆汁、胃液肠液、骨髓、脑脊液、重组脱氧糖核酸(DNA)构建体、皮肤组织、骨、脑组织、硬脑膜、眼球、心脏、胃、肠道组织、肝脏、肾脏、膀胱组织、精子、卵巢、卵母细胞、胚胎、子宫、胎盘组织、乳腺组织、淋巴结组织、肌腱、半月板、韧带、血管、瓣膜、羊膜、神经、脂肪、遗体	—	2.49×10^4	—	宁夏回族自治区	杨银学
33	山东大学齐鲁医院	肿瘤组织、正常组织、全血、血清、血浆、白细胞	—	1.30×10^5	—	山东省	李新钢
34	上海交通大学	DNA、全血、恶性肿瘤组织及癌旁组织	—	1.00×10^6	—	上海市	贺林
35	上海交通大学医学院附属仁济医院	DNA、组织样本、血浆、血细胞、血凝块、白细胞、尿液、脑脊液	临床数据	1.30×10^6	117.19	上海市	李卫平
36	上海市第六人民医院	DNA、血清、尿液、液氮快速冻存组织	—	8.40×10^5	—	上海市	贾伟平
37	上海市东方医院	DNA、RNA、全血、血浆、白细胞、尿液、粪便、唾液、头发、脑脊液、囊液、腹腔液、液氮快速冷冻组织、RNAlater保存组织、石蜡包埋组织、细胞	—	7.96×10^5	—	上海市	刘中民

续表

序号	依托单位	样本类型		样本量		所在地区	负责人
		实体样本	数据信息	实体样本/份	数据信息/Gb		
38	上海市公共卫生临床中心	血清、全血、血浆、血块、尿液、腹水、胸水、细胞、组织、粪便	基本信息，血常规、生化、凝血、免疫功能、临床诊断、影像数据、随访信息和核酸序列数据等	4.00×10^5	3.91×10^4	上海市	徐建青
39	上海医药临床研究中心	血液、尿液、冰冻组织、石蜡组织、癌旁组织、核酸	—	1.41×10^6	—	上海市	甘荣兴
40	沈阳军区总医院	组织、血清、血浆、全血	—	4.00×10^4	—	辽宁省	侯明晓
41	首都医科大学附属北京安定医院	DNA、RNA、全血、血细胞	—	2.30×10^4	—	北京市	马辛
42	首都医科大学附属北京安贞医院	血浆	—	7.50×10^4	—	北京市	马长生
43	首都医科大学附属北京地坛医院	DNA、RNA、血浆、血清、全血、PBMC、肝组织、咽拭子、脑脊液、尿液	—	1.00×10^5	—	北京市	成军
44	首都医科大学附属北京儿童医院	DNA、RNA、全血、血清、血浆、血细胞、骨髓血、骨髓单个核细胞、肿瘤组织、鼻咽分泌物、淋巴结、脑脊液、灌洗液、尿液、痰	—	5.00×10^5	—	北京市	倪鑫

续表

序号	依托单位	样本类型		样本量			所在地区	负责人
		实体样本	数据信息	实体样本 / 份	数据信息 / Gb		
45	首都医科大学附属北京妇产医院	血液、组织样本	—	1.00×10^5	—	北京市	王建东
46	首都医科大学附属北京天坛医院	血清、血浆、白细胞（衍生为核酸）	数据信息	9.00×10^4	1.17×10^4	北京市	王拥军
47	首都医科大学附属北京胸科医院	核酸、血液、痰、尿液、人体病理腔室积液、人体病理组织、人体细胞	—	1.06×10^5	—	北京市	许绍发
48	首都医科大学宣武医院	DNA、RNA、血液、血清、血浆、全血、脑脊液、组织样本、组织切片		3.10×10^5	—	北京市	吉训明
49	首都医科大学附属北京友谊医院	DNA、RNA、组织、冻存组织、石蜡组织、石蜡切片、冰冻切片、RNALater 保存组织、脑脊液、鼻咽分泌物、胆汁、胃液、痰液、泪液、尿液、粪便、全血、血浆、血清、血凝块、血细胞、PBMC、蛋白质、灌洗液、唾液、房水、组织细胞、毛发、保存液、液氮冻存组织	数据信息	1.00×10^6	1980.00	北京市	辛有清
50	首都医科大学附属北京佑安医院	血浆、外周血单个核细胞、全血	—	5.62×10^6	—	北京市	李宁
51	四川大学华西医院	肿瘤手术组织、外周血白细胞、血浆	—	3.90×10^6	—	四川省	胡迅
52	泰达国际心血管病医院	全血、液氮快速冻存组织	生物样本相关的临床、病理、治疗等资料	2.00×10^4	0.20	天津市	何国伟

续表

序号	依托单位	样本类型		样本量		所在地区	负责人
		实体样本	数据信息	实体样本/份	数据信息/Gb		
53	天津市第一中心医院	DNA、RNA、血浆、血清、血沉棕黄层、尿液、肝组织	患者基本信息、疾病类型、病理诊断、采集人、记录人、备注及该样本照片	2.95×10^5	1170.00	天津市	郑虹
54	天津医科大学肿瘤医院	血浆、尿液、白细胞、组织、蜡块	—	5.86×10^5	—	天津市	李海欣
55	同济大学附属第一妇婴保健院	DNA、血清、血浆、白细胞、血凝块、组织、羊水	病例资料、病理资料、检验结果、影像学资料、治疗资料、随访资料等有关数据信息	7.60×10^5	1953.00	上海市	万小平
56	武汉大学中南医院	DNA、RNA、血清、血浆、白细胞、全血、液氮快速冻存组织、RNAlater保存组织、尿液、胸水、腹水、脑脊液、唾液、其他分泌物、粪便	—	2.10×10^6	—	湖北省	王行环

续表

序号	依托单位	样本类型 实体样本	样本类型 数据信息	样本量 实体样本/份	样本量 数据信息/Gb	所在地区	负责人
57	武汉市妇女儿童医疗保健中心	DNA、RNA、血浆、血清、血细胞、全血、骨髓、骨髓单个核细胞、肿瘤组织、鼻咽分泌液、脑脊液、粪便、尿液、羊水、胎盘、流产组织	—	2.00×10^5	—	湖北省	邵剑波
58	西南医科大学	肿瘤组织、癌旁组织、肿瘤远端组织、血浆、血细胞、血清 DNA	—	1.24×10^7	—	四川省	樊均明
59	新疆医科大学附属肿瘤医院	血清、血浆、血细胞、肿瘤组织	—	6.66×10^4	—	新疆维吾尔自治区	王喜艳
60	浙江省台州医院	血清、血浆、全血、冷冻组织、石蜡组织、口腔颊黏膜样本、滤纸血、指甲、头发、股骨头	—	1.33×10^4	—	浙江省	林爱芬
61	浙江省肿瘤医院	DNA、RNA、血清、血浆、尿液、胸水、腹水、白膜层细胞、白细胞层、蛋白质、冷冻包埋组织、液氮快速冻存组织、石蜡包埋组织、RNAlater 保存组织	病理诊断、血液检测、心电图、CT等	4.71×10^6	595.70	浙江省	葛明华
62	中国科学院北京基因组研究所	血浆、白细胞、红细胞、尿液	—	6.40×10^4	—	北京市	薛勇彪
63	中国科学院昆明动物研究所	DNA、血液、组织样本	—	1.00×10^6	—	云南省	姚永刚
64	中国人民解放军第三〇二医院	DNA、RNA、血清、血浆、全血、PBMC、肝组织、咽拭子、脑脊液、尿液	—	4.00×10^5	—	北京市	姬军生

续表

序号	依托单位	样本类型		样本量		所在地区	负责人
		实体样本	数据信息	实体样本/份	数据信息/Gb		
65	中国人民解放军军事医学科学院附属医院	DNA、血浆、血清、组织、单个核细胞、白细胞、红细胞、淋巴细胞、脑脊液、尿液、鼻腔分泌物	—	1.83×10^5	—	北京市	张宏
66	中国人民解放军南京军区南京总医院	DNA、RNA、血浆、白膜层细胞、尿液上清、尿液沉淀、石蜡包埋组织、液氮快速冻存组织、树脂包埋组织	—	4.95×10^5	—	江苏省	茅建华
67	中国人民解放军总医院	DNA、RNA、血浆、白细胞、尿液、唾液、头发、脑脊液、囊液、腹腔灌洗液、液氮快速冻存组织、胆汁、细胞、粪便、石蜡包埋组织、RNAlater 保存组织	病历资料、影像学资料、实验室检查、随访资料、核酸序列信息等	8.10×10^6	2.44×10^4	北京市	何昆仑
68	中国医学科学院北京协和医院	DNA、RNA、血浆、血清、红细胞、白细胞、新鲜冻存组织、石蜡包埋组织、全血、石蜡组织切片、尿液、病原菌株	—	8.17×10^5	—	北京市	赵玉沛
69	中国医学科学院(血液学研究所)	全血、血浆、血细胞	—	1.14×10^5	—	天津市	张磊

续表

序号	依托单位	样本类型		样本量		所在地区	负责人
		实体样本	数据信息	实体样本/份	数据信息/Gb		
70	中国医学科学院医学生物学研究所	高山族人全血，门巴族人全血，珞巴族人全血，保安族人全血，俄罗斯族人全血，毛南族人全血，塔塔尔族人全血，乌兹别克人全血，西族人全血，拉祜族人全血，汉族人全血，傣族等民族支系人全血	—	350	—	云南省	褚嘉祐
71	中国医学科学院肿瘤医院	全血，组织样本，血浆，外周血白细胞，组织蜡块	—	1.69×10^5	—	北京市	赫捷
72	中南大学	DNA，RNA，cDNA，新鲜冻存组织样本，切片样本，汗液，保存液固定组织标本，粪便，血清，血浆，尿，石蜡保存样本，脑脊液，房水，泪液，睡液，胸水，腹水，羊水，鞘膜积液，浆液，精液，腹腔灌洗液	心电图	5.41×10^6	3.17×10^4	湖南省	田红旗
73	中南大学湘雅三医院	全血	—	1.00×10^4	—	湖南省	朱晒红
74	中山大学附属第六医院	血清，组织，血浆，全血，血凝块	—	3.00×10^5	—	广东省	兰平
75	中山大学附属第三医院	血清，血浆，白膜层，PBMC，血凝块，冰冻组织，石蜡切片，尿液，脑脊液，腹水，胸水，核酸	—	1.50×10^5	—	广东省	戎利民
76	中山大学肿瘤防治中心	血浆，血清，白细胞，组织	—	4.03×10^5	—	广东省	徐瑞华

注：按照依托单位汉语拼音排序。

附录 K　微生物菌种保藏量居前 10 位的机构

序号	保藏机构名称	依托单位	库藏资源总量／株	保藏资源全国占比
1	中国普通微生物菌种保藏管理中心	中国科学院微生物研究所	55714	11.14%
2	中国药学微生物菌种保藏管理中心	中国医学科学院医药生物技术研究所	45000	9.00%
3	中国典型培养物保藏中心	武汉大学	38627	7.73%
4	中国海洋微生物菌种保藏管理中心	国家海洋局第三海洋研究所	19381	3.88%
5	中国林业微生物菌种保藏管理中心	中国林科院森林生态环境与保护研究所	17129	3.43%
6	中国农业微生物菌种保藏管理中心	中国农业科学院农业资源与农业区划研究所	16872	3.37%
7	中国工业微生物菌种保藏管理中心	中国食品发酵工业研究院	11594	2.32%
8	中国医学细菌保藏管理中心	中国食品药品检定研究院	10511	2.10%
9	广东省微生物菌种保藏管理中心	广东省微生物研究所	9833	1.96%
10	中国兽医微生物菌种保藏管理中心	中国兽药品检查所	8102	1.62%

注：引自《中国生物种质与实验材料资源发展报告（2016）》。

附录 L 国家级生物技术基地平台管理办法目录

序号	基地平台类型管理办法	备注
1	科学数据管理办法	国办发〔2018〕17号
2	国家高新技术产业开发区"十三五"发展规划	国科发高〔2017〕90号
3	国家临床医学研究中心管理办法	国科发社〔2017〕204号
4	国家国际科技合作基地管理办法	国科发外〔2011〕316号
5	国家重点实验室建设与运行管理办法	国科发基〔2008〕539号
6	国家工程研究中心管理办法	发展改革委令第52号（2007）
7	人类遗传资源管理暂行办法	国办发〔1998〕36号
8	国家大型科学仪器中心管理暂行办法	国科发财字〔1998〕198号
9	国家工程技术研究中心暂行管理办法	国科发计字〔1993〕60号

注：按管理办法发文年份排序。

附录M "十三五"国家科技创新基地与条件保障能力建设专项规划

（国科发基〔2017〕322号）

科技创新基地和科技基础条件保障能力是国家科技创新能力建设的重要组成部分，是实施创新驱动发展战略的重要基础和保障，是提高国家综合竞争力的关键。为落实《国家创新驱动发展战略纲要》《国民经济和社会发展第十三个五年规划纲要》《关于深化中央财政科技计划（专项、基金等）管理改革的方案》和《"十三五"国家科技创新规划》的各项任务，依据《国家科技创新基地优化整合方案》，制定本专项规划。

一、发展现状与面临形势

（一）现状与成效

"十二五"以来，通过实施国家自主创新能力建设、基础研究、重大创新基地建设、科研条件发展、科技基础性工作等专项规划，建设了一批国家科研基地和平台，科技基础条件保障能力得到加强，为推动科技进步、提升自主创新能力、保障经济社会发展提供了重要支撑。

1. 在孕育重大原始创新、推动学科发展和解决国家重大科学技术问题方面发挥了主导作用

为满足国家重大战略需求，立足世界科技前沿，推动基础研究和应用基础研究快速发展，1984年启动国家重点实验室计划，2000年启动试点国家实验室建设。"十二五"期间，新建国家重点实验室162个，启动青岛海洋科学与技术试点国家实验室建设，已有国家重点实验室481个、试点国家实验室7个，覆盖基础学科80%以上。集聚了新增的50%以上的中国科学院院士和25%左右的中国工程院院士。获国家科技奖励569项，包括自然科学奖一等奖的100%、自然科学奖二等奖的62.5%、国家技术发明奖一等奖的50%、国家科学技术进步奖特等奖的50%。中央财政给予基础研究国家科研基地稳定支持，累计投入国家重点实验室专项经费和国

家（重点）实验室引导经费 160 亿元。试点国家实验室和国家重点实验室 6 位科学家获得国家最高科学技术奖。

在科学前沿方面，取得了铁基超导、拓扑绝缘体与量子反常霍尔效应等一批标志性成果，带动了量子调控、纳米研究、蛋白质、干细胞、发育生殖、全球气候变化等领域的重大原始创新。在满足国家重大需求方面，解决了载人航天、高性能计算、青藏铁路、油气资源高效利用、资源勘探、防灾减灾和生物多样性保护等重大科学技术问题，带动了大型超导、精密制造和测控、超高真空等一批高新技术发展。牵头组织实施了大亚湾反应堆中微子实验等重大国际科技合作计划项目。

2. 解决了一大批共性关键技术问题，推动了科技成果转化与产业化，带动了相关产业发展

为推动相关产业发展，促进行业共性关键技术研发和科技成果转化与产业化，自 1991 年开始，启动实施了国家工程技术研究中心、国家工程研究中心、国家工程实验室建设，目前已建设国家工程技术研究中心 346 个、国家工程研究中心 131 个、国家工程实验室 217 个，在先进制造、电子信息、新材料、能源、交通、现代农业、资源高效利用、环境保护、医药卫生等领域取得了一批对产业影响重大、体现自主创新能力的工程化成果，突破了高性能计算机、高速铁路、高端数控机床等一批支撑战略性新兴产业发展的共性关键技术和装备，培育和带动了新兴产业发展。通过科技成果转移转化和技术扩散，推动了农业、环保、水利、国土资源等行业的技术进步，加快了装备制造、冶金、纺织等传统产业的转型升级。通过面向企业提供设备共享、检测测试、标准化、信息检索、人才培训等服务，促进了大批科技型中小微企业的成长。

3. 提高了科技资源有效利用，为全社会科技创新提供了重要的支撑服务

"十二五"期间，科技部、财政部支持了 23 个国家科技基础条件平台建设运行，涵盖科研设施和大型科学仪器、自然科技资源、科学数据、科技文献等领域，形成了跨部门、跨区域、多层次的资源整合与共享服务体系，聚集了全国 700 多家高等院校和科研院所的相关科技资源，涵盖了 17 个国家大型科学仪器中心、81 个野外观测研究实验台站，拥有覆盖气象、农业、地球系统、人口健康、地震等领域 71 大类，总量超过 1.6 PB 科技数据资源，保藏的动物种质、植物种质、微生物菌种，以及标本、实验细胞等实验材料资源超过 3500 万份。科技资源集聚效应日益显著，为开放共享打下坚实的物质基础，建设了一批有较高知名度的科学数据中心、生物资源库（馆）。国家科技资源共享服务平台聚焦重大需求和科技热点，已开展上百项专题服务，年均服务各级各类科技计划过万项，为大飞机研制、青藏高原生态评估、石漠化治理、防灾减灾等重大工程和重大科研任务提供了大量科技资源支撑和技术服务。

4. 科技基础条件保障能力建设成效显著，为科学研究和创新活动提供重要手段和保障

"十二五"以来，通过实施重大科学仪器设备研制和开发专项，攻克了一批基于新原理、新方法的重大科学仪器设备的新技术，研制了一批发现新现象、揭示新规律、验证新原理、获取新数据的原创性科研仪器设备。攻克了一批科研用试剂的核心单元物质、关键技术和生产工艺，研发了一批重要的科研用试剂。支持了重大疾病动物模型、实验动物新品种、实验动物质量监测体系等研究。开展了应对国际单位制变革的基于量子物理基础前沿研究，计量基标准和量传溯源体系进一步完善，国际互认能力进一步提高。

通过生态观测、材料腐蚀试验、特殊环境与灾害研究、大气成分本地观测、地球物理观测等 105 个国家野外科学观测研究站，开展了自然资源和生态环境的长期观测、数据采集和科学研究，积累了大量原始野外科学数据，并广泛应用于资源综合利用、生态环境修复、城市大气和水体污染治理、农业生产技术模式改进、城镇化建设，取得显著的社会和经济效益。

通过实施科技基础性工作专项，开展了土壤、湖泊、冰川、冻土、特殊生境生物多样性等专题调查，中国北方及其毗邻地区、大湄公河地区等跨国综合考察。在中国动物志、中国植物志和中国孢子植物志等志书编撰及中国地层立典剖面等立典方面取得显著进展。收集了一批重要的科学数据，抢救、整编了一批珍贵资料，促进了支撑科学研究的自然本底、志书典籍等基础性科技资料的长期、系统、规范化采集和整编。

经过多年的努力，国家科研基地与条件保障能力建设取得了重要进展，为科技创新和经济社会发展提供了有力的支撑。但是，与美、德等主要发达国家相比，中国的国家科研基地与条件保障综合实力尚有一定差距，还不能适应创新驱动发展的新要求。目前存在的问题与不足主要表现为：（1）科研基地与科技基础条件保障能力建设缺乏顶层设计和统筹。（2）科研基地布局存在交叉重复，功能定位不明晰，发展不均衡，在若干新兴、交叉和重点领域布局比较薄弱。（3）科技基础条件保障能力建设相对薄弱，为科研创新提供手段和支撑的能力有待加强。（4）科技资源开放共享服务整体水平仍较低，为全社会科技创新活动提供支撑服务的能力有待提高。（5）尚未完全建立多元化、多渠道、多层次的投入机制，支持结构和方式还需要进一步完善，项目、基地、人才的统筹协调机制还需要进一步加强。

（二）形势与需求

当前，中国正处在建设创新型国家的关键时期和深化改革开放、加快转变经济发展方式的攻坚阶段，创新是引领发展的第一动力，科技创新是事关国家全局发展的核心，是打造先发优势的重要手段，是实现经济发展方式转变的根本支撑。科技创新基地与科技基础条件保障能力建设要坚持走中国特色自主创新道路，把科技创新和制度创新双轮驱动作为科技创新发展的根本动力，把人才作为科技创新发展的核心要素，以国家目标和战略需求为导向，全面提升自主创新能力。

1. 科技创新基地与科技基础条件保障能力建设已成为各国创新发展的重要基础

当今世界各发达国家为继续把持世界发展主导权，引领未来科学技术发展方向，纷纷制定新的科学技术发展战略，抢占科技创新制高点，把国家科技创新基地、重大科技基础设施和科技基础条件保障能力建设作为提升科技创新能力的重要载体，作为吸引和集聚世界一流人才的高地，作为知识创新和科技成果转移扩散的发源地。各国通过加强统筹规划、系统布局、明确定位，围绕国家战略使命进行建设，稳定了一支跨学科、跨领域开展重大科学技术前沿探索和协同创新的高水平研究队伍，不断突破重大科学前沿、攻克前沿技术难关、开辟新的学科方向和研究领域，在国家创新体系中发挥着越来越重要的引领和带动作用，如美国阿贡、洛斯阿拉莫斯、劳伦斯伯克利国家实验室和德国亥姆霍兹研究中心等。

2. 科技创新基地与科技基础条件保障能力建设是国家实施创新驱动发展战略的必然选择

面对世界科技革命和产业变革历史性交汇、抢占未来科学技术制高点的国际竞争日趋激烈的新形势，面对中国经济发展新常态，加快实施创新驱动发展战略，面向世界科技前沿、面向经济主战场、面向国家重大需求，推动跨领域、跨部门、跨区域的协同创新，迫切需要优化国家科技创新基地的建设布局，加强科技基础条件保障能力建设，推进科技资源的开放共享，夯实自主创新的物质技术基础。

3. 科技创新基地与科技基础条件保障能力建设是中国创新生态环境建设的重要组成

当今科学前沿的革命性突破、重大颠覆性技术的攻克，急需改变科研组织模式，促进科研主体由单兵作战向协同合作创新转变，促进多学科协同、多种先进技术手段综合运用，更加依赖高水平科技创新基地建设，更加依赖科技基础条件保障能力和科技资源共享服务能力提升。

目前，中国科技创新已步入以跟踪为主转向并跑、领跑和跟跑并存的新阶段，中国与发达国家的科技实力差距主要体现在科技创新能力上，面对新的形势和挑战，加强国家科技创新基地与条件保障能力建设对国家实施创新驱动发展战略具有十分重要的意义。

二、总体要求

（一）指导思想

全面贯彻党的十八大和十八届三中、四中、五中、六中全会精神，落实全国科技创新大会任务目标，坚持创新、协调、绿色、开放、共享发展理念，着眼长远和全局，以全球视野谋划创新发展，聚焦提升原始创新、自主创新能力，聚焦提高科技创新资源供给质量和效率，强化顶层设计，改革管理体制，健全开放共享和协同创新机制，对科技创新基地和科技基础条件保障能力建设进行统筹规划和系统布局，建立完善国家科技创新基地和条件保障能力体系，全面提高国家科技创新基地与条件保障能力，为实现创新型国家建设目标，支撑引领经济社会发展提供强大的基础支撑和条件保障。

（二）基本原则

顶层设计，优化布局。加强国家科技创新基地和条件保障能力体系的顶层设计和系统布局，明确功能定位，明晰工作任务，突出重大需求和问题导向，强化超前部署，推动国家科技创新基地与科技基础条件保障能力建设与发展。

重点建设，持续发展。坚持总体规划与分步实施相结合，国家主导与多元参与相结合、协调发展与分工协作相结合、工作任务与绩效考核相结合，统筹存量与增量，推动国家科技创新基地建设，促进科技基础条件保障能力的提升。

统筹协调，分类管理。加强国家、部门、地方科技创新基地与科技基础条件保障能力建设的无缝衔接、有机融合，推进分类管理、协同创新。

创新机制，规范运行。推动国家科技创新基地与科技基础条件能力建设运行管理机制体制和制度创新，完善评估机制，强化动态调整与有序进出。建立与目标任务相适应的经费投入方式。建立战略专家智库，强化学术评价、咨询服务。引入竞争机制，加强人才培养和队伍建设。

（三）建设目标

落实实施创新驱动发展战略要求，立足体系建设，着力解决基础研究、技术研发、成果转化的协同创新，着力提升科技基础条件保障能力和科技资源开放共享服务能力，夯实自主创新的物质技术基础。以国家实验室为引领，推进国家科技创新基地建设向统筹规划、系统布局、分类管理的国家科技创新基地体系建设转变，推进科技基础条件建设向大幅提高基础支撑能力和自我保障能力转变，推进科技资源共享服务向大幅提高服务质量和开放程度转变。到 2020 年，形成布局合理、定位清晰、管理科学、运行高效、投入多元、动态调整、开放共享、协同发展的国家科技创新基地与科技基础条件保障能力体系。

——布局建设若干体现国家意志、实现国家使命、代表国家水平的国家实验室。

——面向前沿科学、基础科学、工程科学，推动学科发展，在优化调整的基础上，部署建设一批国家重点实验室。统筹推进学科、省部共建、企业、军民共建和港澳伙伴国家重点实验室建设发展。

——面向国家重大战略任务和重点工程建设需求，在优化整合的基础上建设一批国家工程研究中心。

——面向国家长远发展的重大产业技术领域需求，建设若干综合性国家技术创新中心。面向经济社会发展和产业转型升级对共性关键技术的需求，建设一批专业性国家技术创新中心。

——面向重大临床医学需求和产业化需要，建设一批国家临床医学研究中心。

——面向科技创新需求，在优化调整的基础上，择优新建一批有重要影响力的科学数据中心、生物种质和实验材料资源库（馆）。

——面向国家经济社会发展需求，在生态保护、资源环境、农林业资源、生物多样性、地球物理、重大自然灾害防御等方面择优遴选建设一批国家野外科学观测研究站。

——面向为科学研究和创新创业提供高水平服务的需求，推动国家重大科研基础设施布局建设，突破实验动物资源和模型、科研用试剂、计量基标准和标准物质等一批关键技术，组织开展重要领域、区域的科学考察调查，完成一批重要志书典籍编研。

三、重点任务

围绕经济社会发展和创新社会治理、建设平安中国等国家战略需求，立足于提升科技创新能力，按照建设发展总体要求，加强统筹规划与系统布局，明确重点任务和目标，全面推进以国家实验室为引领的国家科技创新基地与科技基础条件保障能力建设，为实施创新驱动发展战略提供有力的支撑和保障。

（一）推动国家科技创新基地与科技基础条件保障能力体系建设

根据《"十三五"国家科技创新规划》总体部署和《国家科技创新基地优化整合方案》的具体要求，加强机制创新和分级分类管理，形成科技创新基地与科技基础条件保障能力体系建设和科技创新活动紧密衔接、互融互通的新格局。

推进科学与工程研究、技术创新与成果转化、基础支撑与条件保障等三类国家科技创新基地建设与发展。按照各类基地功能定位和深化改革发展目标要求，进一步聚焦重点，明确定位，对现有的国家工程技术研究中心、国家工程研究中心、国家工程实验室等进行评估梳理，逐步按照新的功能定位要求合理归并，优化整合。国家发展改革委不再批复新建国家工程实验室，科技部不再批复新建国家工程技术研究中心。在此基础上，严格遴选标准，严控新建规模，择优择需部署新建一批高水平国家科技创新基地。加强机制创新，推动国家实验室等国家科技创新基地与国家重大科技基础设施的相互衔接和紧密结合，推动设施建设。

科学与工程研究类基地定位于瞄准国际前沿，聚焦国家战略目标，围绕重大科学前沿、重大科技任务和大科学工程，开展战略性、前沿性、前瞻性、基础性、综合性科技创新活动。主要包括国家实验室、国家重点实验室。

技术创新与成果转化类基地定位于面向经济社会发展和创新社会治理、建设平安中国等国家需求，开展共性关键技术和工程化技术研究，推动应用示范、成果转化及产业化，提升国家自主创新能力和科技进步水平。主要包括国家工程研究中心、国家技术创新中心和国家临床医学研究中心。

基础支撑与条件保障类基地定位于为发现自然规律、获取长期野外定位观测研究数据等科学研究工作，提供公益性、共享性、开放性基础支撑和科技资源共享服务。主要包括国家科技资源共享服务平台、国家野外科学观测研究站。

以提升科技基础条件保障能力为目标，夯实科技创新的物质和条件基础。加强重大科研基础设施、实验动物、科研试剂、计量、标准等科技基础条件建设，有效提升高性能计算能力、科学研究实验保障能力、野外观测研究能力，推动各类科技资源开放共享服务。

（二）加强科学与工程研究类国家科技创新基地建设

1. 国家实验室

国家实验室是体现国家意志、实现国家使命、代表国家水平的战略科技力量，是面向国际科技竞争的创新基础平台，是保障国家安全的核心支撑，是突破型、引领型、平台型一体化的大型综合性研究基地。

（1）明确国家实验室使命。突破世界前沿的重大科学问题，攻克事关国家核心竞争力和经济社会可持续发展的核心技术，率先掌握能够形成先发优势、引领未来发展的颠覆性技术，确保国家重要安全领域技术领先、安全、自主、可控。

（2）推进国家实验室建设。按照中央关于在重大创新领域组建一批国家实验室的要求，突出国家意志和目标导向，采取统筹规划、自上而下为主的决策方式，统筹全国优势科技资源整合组建，坚持高标准、高水平，体现引领性、唯一性和不可替代性，成熟一个，启动一个。

2. 国家重点实验室

国家重点实验室是面向前沿科学、基础科学、工程科学，推动学科发展，提升原始创新能力，促进技术进步，开展战略性、前沿性、前瞻性基础研究、应用基础研究等科技创新活动的国家科技创新基地。

（1）优化国家重点实验室布局。面向世界科技前沿、面向经济主战场、面向国家重大需求，构建定位清晰、任务明确、布局合理、开放协同、分类管理、投入多元的国家重点实验室建设发展体系，实现布局结构优化、领域优化和区域优化。适应大科学时代基础研究特点，在现有试点国家实验室和已形成优势学科群基础上，组建（地名加学科名）国家研究中心，统筹学科、省部共建、企业、军民共建和港澳伙伴国家重点实验室等建设发展。

（2）统筹国家重点实验室建设发展。面向学科前沿和经济社会及国家安全的重要领域，以提升原始创新能力为目标，引领带动学科和领域发展，在科学前沿、新兴、交叉、边缘等学科以及布局薄弱与空白学科，主要依托高等院校和科研院所建设一批学科国家重点实验室。通过强化第三方评估，对现有学科国家重点实验室进行全面评价，实现实验室动态优化调整。面向区域经济社会发展战略布局，以解决区域创新驱动发展瓶颈问题为目标，提升区域创新能力和地方基础研究能力，主要依托地方所属高等院校和科研院所建设省部共建国家重点实验室。面向产业行业发展需求，以提升企业自主创新能力和核心竞争力为目标，促进产业行业技术创新，启动现有企业国家重点实验室的评估考核和优化调整，在此基础上，主要依托国家重点发展的产业行业的企业开展企业国家重点实验室建设。按照新形势下军民融合发展的总体思路，以支撑科技强军为目标，加强军民协同创新，会同军口相关管理部门，依托军队所属高等院校和科研院所建设军民共建国家重点实验室。面向科学前沿和区域产业发展重点领域，以提升港澳特区科技创新能力为目标，加强与内地实验室协同创新，主要依托与内地国家重点实验室建立伙伴关系的港澳特区高等院校开展建设。

（3）探索国家重点实验室管理新机制。建立与各类实验室目标、定位相适应的治理结构和管理制度。强化实验室主任负责制，赋予实验室选人用人和科研课题设定自主权。完善人才、成果评价机制，建立完善实验室人才流动、开放课题设置、仪器设备开放共享和信息公开制度，建立目标考核评估制度。强化依托单位法人主体责任，为实验室发展提供必要的科研手段和装备，营造良好的学术环境，加快优秀人才的集聚和流动。

（三）加强技术创新与成果转化类国家科技创新基地建设

1. 国家工程研究中心

国家工程研究中心是面向国家重大战略任务和重点工程建设需求，开展关键技术攻关和试验研究、重大装备研制、重大科技成果工程化实验验证，突破关键技术和核心装备制约，支撑国家重大工程建设和重点产业发展的国家科技创新基地。

修订新的国家工程研究中心管理办法。按照贯彻落实"放管服"改革精神和依法行政的要求，加快研究制定国家工程研究中心相关运行管理办法和规则，细化明确国家工程研究中心的功能定位、主要任务、布局组建程序、运行管理、监督要求和支持政策等，优化简化审批流程，推动组建、运行和管理全过程公开透明。着眼加强事中事后监管的需要，研究制定国家工程研究中心评价办法及评价指标体系，引导国家工程研究中心不断提升创新能力，加速推进重大科技成果工程化和产业化。

优化整合现有国家工程研究中心和国家工程实验室。按新的国家工程研究中心定位及管理办法要求，对现有国家工程研究中心和国家工程实验室进行合理归并，对符合条件、达到评价指标要求的纳入新的国家工程研究中心序列进行管理。规范对国家地方联合共建的工程研究中心和工程实验室优化整合与管理，提升服务地方战略性新兴产业和优势特色产业发展的能力。

新布局建设一批国家工程研究中心。根据经济社会发展的重大战略需求，结合国家重点工程实施、战略性新兴产业培育等需要，依托企业、高等院校和科研院所择优建设一批国家工程研究中心，促进产业集聚发展、创新发展。围绕科技创新中心、综合性国家科学中心、全面创新改革试验区域等重点区域创新发展需求，集中布局建设一批国家工程研究中心，探索国家地方联合共建的有效形式，引导相关地方健全区域创新体系，打造若干具有示范和带动作用的区域性创新平台，促进重点区域加快向创新驱动转型。

2. 国家技术创新中心

国家技术创新中心是国家应对科技革命引发的产业变革，面向国际产业技术创新制高点，面向重点产业行业发展需求，围绕影响国家长远发展的重大产业行业技术领域，开展共性关键技术和产品研发、科技成果转移转化及应用示范的国家科技创新基地。

（1）加快综合性国家技术创新中心建设。依托大型骨干龙头企业，结合国家重大科技任务，以需求为导向，实施从关键技术突破到工程化、产业化的一体化推进，构建若干战略定位高端、组织运行开放、创新资源集聚、治理结构多元、面向全球竞争的综合性国家技术创新中心，成为重大关键技术的供给源头、区域产业集聚发展的创新高地、成果转化与创新创业的众创平台。

（2）推动专业性国家技术创新中心建设与发展。围绕先进制造、现代农业、生态环境、社会民生等重要领域发展需求，依托高等院校、科研院所和企业建设一批专业性国家技术创新中心，开展产业行业关键共性技术研发、工艺试验和各类规范标准制订，加快成果转化、应用示范及产业化。加强对现有国家工程技术研究中心评估考核和多渠道优化整合，符合条件的纳入国家技术创新中心等管理。

（3）完善运行管理机制。制定国家技术创新中心相关运行管理办法和规则，实行动态调整与有序退出机制，实现国家技术创新中心的良性发展。发挥国家技术创新中心技术和人才优势，加强协同创新，促进产学研用有机结合，推动产业上中下游、大中小微企业的紧密合作，鼓励和引导国家技术创新中心为创新创业提供技术支撑和服务。

3. 国家临床医学研究中心

国家临床医学研究中心是面向中国重大临床需求，以临床应用为导向，以医疗机构为主体，以协同网络为支撑，开展临床研究、协同创新、学术交流、人才培养、成果转化、推广应用的技术创新与成果转化类国家科技创新基地。

（1）加强国家临床医学研究中心的布局。依托相关医疗机构，在现有中心建设的基础上，完善疾病领域和区域布局建设。探索省部共建中心的建设，引导重大疾病领域的分中心建设，鼓励省级中心建设。推进医研企结合，打造各疾病领域覆盖全国的网络化、集群化协同创新网络和转化推广体系。整合临床医学资源，构建国家健康医疗大数据、样本库等临床医学公共服务平台。

（2）完善运行管理制度和机制。以转化应用为导向，加强考核评估，进一步规范运行管理。建立有效整合资源、协同创新、利益分享的激励机制和高效管理模式，建立多渠道推进中心建设的支持机制。强化依托单位主体责任，为中心建设提供相应的人、财、物等条件保障。

（四）加强基础支撑与条件保障类国家科技创新基地建设

1. 国家科技资源共享服务平台

国家科技资源共享服务平台是面向科技创新、经济社会发展和创新社会治理、建设平安中国等需求，加强优质科技资源有机集成，提升科技资源使用效率，为科学研究、技术进步和社会发展提供网络化、社会化科技资源共享服务的国家科技创新基地。

（1）完善科技资源共享服务平台布局。根据科技资源类型，在对现有国家科技基础条件平台进行优化调整的基础上，面向科技创新需求，新建一批具有国际影响力的国家科学数据中心、生物种质和实验材料资源库（馆）等共享服务平台，形成覆盖重点领域的科技资源支撑服务体系。

（2）推动科技资源共享服务平台建设发展。结合国家大数据战略的实施，加强科学数据库建设，强化科学数据的汇集、更新和深度挖掘，形成一批有国际影响力的国家科学数据中心，为国家重大战略需求提供科学数据支撑服务。加强微生物菌种、植物种质、动物种质、基因、病毒、细胞、标准物质、科研试剂、岩矿化石标本、实验动物、人类遗传资源等资源的收集、整理、保藏和利用，建设一批高水平的生物种质和实验材料库（馆），提升资源保障能力和服务水平。扩大科技文献信息资源采集范围，开展科技文献信息数字化保存、信息挖掘、语义揭示和知识计算等方面关键共性技术研发，构建完善的国家科技文献信息保障服务体系。

（3）完善运行管理制度和机制。研究制定科技资源共享服务平台管理办法，明晰相关部门和地方的管理职责，强化依托单位法人主体责任，建立健全与开展基础性、公益性科技服务相适应的管理体制和运行机制，针对不同类型科技资源特点，制定差异化的评价指标，完善平台运行服务绩效考核和后补助机制，建立"奖优罚劣、有进有出"的动态调整机制，有效提升平台的支撑服务能力。

2. 国家野外科学观测研究站

国家野外科学观测研究站是依据中国自然条件的地理分异规律，面向国家社会经济和科技战略布局，服务于生态学、地学、农学、环境科学、材料科学等领域发展，获取长期野外定位观测数据并开展研究工作的国家科技创新基地。

（1）加强国家野外科学观测研究站建设布局。继续加强国家生态系统、材料自然环境腐蚀、地球物理、大气本底和特殊环境等观测研究网络的建设，推进联网观测研究和数据集成。围绕生态保护、资源环境、生物多样性、地球物理、重大自然灾害防御等重大需求，在具有研究功能的部门台站基础上，根据功能定位和建设运行标准，择优遴选建设一批国家野外科学观测研究站，完善观测站点的空间布局，基本形成科学合理的国家野外科学观测研究站网络体系。

（2）建立运行管理机制。制定国家野外科学观测研究站建设与运行管理办法，建立分类评估、动态调整机制。加强野外观测研究设施建设和仪器更新，制定科学观测标准规范，提升观测水平和数据质量。推动多站联网观测和野外科学观测研究站功能拓展，促进协同创新和避免重复建设，保障国家野外科学研究观测站和联网观测的高效运行。

（五）加强科技基础条件保障能力建设

1. 加强重大科研基础设施建设

支持有关部门、地方依托高等院校和科研院所围绕科技创新需求共同新建重大科研基础设施，形成覆盖全面、形式多样的国家科研设施体系。创新体制机制，强化科研设施与国家科技创新基地的衔接，提高成果产出质量，充分发挥科研设施在创新驱动发展中的重要支撑作用。

2. 加强国家质量技术基础研究

开展新一代量子计量基准、新领域计量标准、高准确度标准物质和量值传递扁平化等研究，开展基础通用与公益标准、产业行业共性技术标准、基础公益和重要产业行业检验检测技术、基础和新兴领域认证认可技术等研究，研发具有国际水平的计量、标准、检验检测和认证认可技术，突破基础性、公益性的国家质量基础技术瓶颈，研制事关中国核心利益的国际标准，提升中国国际互认计量测量能力，在关键领域形成全链条的"计量—标准—检验检测—认证认可"整体技术解决方案并示范应用，实现国家质量技术基础总体水平与发达国家保持同步。

3. 加强实验动物资源研发与应用

加强实验动物新品种（品系）、动物模型的研究和中国优势实验动物资源的开发与应用，建立实验动物、动物模型的评价体系和质量追溯体系，开展动物实验替代方法研究，保障实验动物福利。围绕人类重大疾病、新药创制等科研需求，通过基因修饰、遗传筛选和遗传培育等手段，研发相关动物模型资源。加强具有中国特色实验动物资源培育，重点开展灵长类、小型猪、树鼩等实验动物资源研究，加快建立大型实验动物遗传修饰技术和模型分析技术体系。

4. 加强科研用试剂研发和应用

以市场需求为导向，推动以企业为主体、产学研用相结合的研发、生产与应用的协同创新。重点围绕人口健康、资源环境以及公共安全领域需求，加强新技术、新方法、新工艺、新材料的综合利用和关键技术研究，开发出一批重要的具有自主知识产权的通用试剂和专用试剂，注重高端检测试剂、高纯试剂、高附加值专有试剂的研发，加强技术标准建设，完善质量体系，提升自我保障能力和市场占有率，增强相关产业的核心竞争力。

（六）全面推进科技资源开放共享和高效利用

1. 深入推进科研设施与仪器开放共享

全面落实《关于国家重大科研基础设施和大型科研仪器向社会开放的意见》任务要求，完善科研设施与仪器国家网络管理平台建设，建成跨部门、多层次的网络管理服务体系。强化管理单位法人主体责任，完善开放共享的评价考核和管理制度。以国家重大科研基础设施和大型科研仪器为重点，开展考核评价工作，对开放效果显著的管理单位给予后补助支持。积极探索仪器设施开放共享市场化运作新模式，培育一批从事仪器设施专业化管理与共享服务的中介服务机构。深化科技计划项目和科技创新基地管理中新购大型科学仪器设备购置必要性评议工作，从源头上杜绝仪器重复购置，提高科技资源配置的效益。

2. 强化各类国家科技创新基地对社会开放

健全科技创新基地开放共享制度，深化科技资源开放共享的广度和深度，把科技创新基地开放共享服务程度作为评估考核的重要指标。围绕重大科技创新活动、重大工程建设以及大众创新、万众创业的需求，推动各类科技创新基地开展涵盖检验检测、专家咨询、技术服务等方面的专题服务，充分发挥科技创新基地的公共服务作用。

3. 积极推动科学数据、生物种质和实验材料共享服务

研究制定国家科学数据管理与开放共享办法，完善科学数据的汇交机制，在保障知识产权的前提下推进资源共享。加强生物种质和实验材料收集、加工和保藏的标准化，改善保管条件，提高资源存储数量和管理水平，完善开放模式，提高服务质量和水平，为国家科技创新、重大工程建设和社会创新活动提供支撑服务。

（七）加强部门和地方的科技创新基地与条件保障能力建设

1. 加强协调，明确任务分工，实现国家、部门、地方科技创新基地分层分类管理

各部门各地方要按照国家科技创新基地的总体布局，结合自身实际，统筹规划，系统布局，加强建设，深化各类各层次科技创新基地的管理改革，形成国家、部门、地方协同发展的科技创新基地体系架构。国家科技创新基地聚焦世界科技前沿、国民经济主战场、国家重大需求中战略性、前沿性、前瞻性的重大科学技术问题，开展创新研究，引领中国基础研究，参与国际科技竞争，提高中国科技水平和国际影响力。部门科技创新基地聚焦产业行业发展中的关键共性科学问题和技术瓶颈，开展科研开发和应用研究，促进产业行业科技进步。地方科技创新基地围绕区域经济社会发展的需求，开展区域创新研发活动，促进地方经济社会发展。

2. 发挥部门和地方优势，实现国家科技创新基地与部门、地方科技创新基地的有机融合，协同发展

按照国家科技创新基地总体布局，充分发挥国家、部门、地方各自优势，充分考虑产业行业和区域需求，建立国家、部门、地方科技创新基地联动机制，加强国家对部门、地方科技创新基地的指导和支持，推动部门和地方组织开展符合产业行业特点，体现地方特色的科技创新基地建设，实现部门、地方科技创新基地与国家科技创新基地的协同发展，促进资源开放共享和信息的互联互通，提升产业行业和区域创新保障能力。

3. 大力推进部门和地方科技资源共享，构建部门和地方科技资源共享服务体系

各部门各地方要按照国家科技基础条件保障能力建设的总体部署，结合自身实际，推进相关工作。支持各类重大科研基础设施建设，支持开展科研用试剂和实验动物的研发，提高相关产业行业的核心竞争力。

4.探索国家、部门、地方联动的科技基础条件保障能力建设管理机制

各部门各地方要按照国家有关要求,大力推进科研设施和仪器的开放共享,强化科研单位在开放共享中的主体责任,建立后补助机制,形成约束与激励并重的管理机制。推动科学数据、生物种质和实验材料等科技资源的整合,建设和完善共享服务平台,实现与国家共享服务平台的协同发展。有条件的地方可探索实施创新券的有效机制,增强创新券撬动科技资源共享服务能力。扶持一批从事共享服务的中介机构,营造开放共享的社会氛围。

四、保障措施

(一)加强统筹协调和组织实施

各类国家科技创新基地组织实施部门要根据基地定位、目标和任务,制定实施方案,确保规划提出各项任务落实到位。组织开展国家科技创新基地与条件保障能力建设宏观发展战略与政策研究,前瞻部署,高效有序推进基地与条件保障能力建设,提升基地创新能力和活力。加强基地和条件保障能力建设的统筹协调,发挥部门和地方的积极性,形成多层次推动国家科技创新基地与科技基础条件保障能力建设的工作格局。

(二)完善运行管理和评估机制

建立国家科技创新基地与科技基础条件保障能力建设定位目标相适应的管理制度,形成科学的组织管理模式和有效的运行机制。加强对国家科技创新基地全过程管理,形成决策、监督、评估考核和动态调整与退出机制,建立分类评价与考核的标准及体系。加强各类科技创新基地的监督管理,健全用户评价监督机制,完善服务登记、跟踪和反馈制度,不断提高国家科技创新基地的运行效率和社会效益。

(三)推动人才培养和队伍建设

加强人才培养和队伍建设。建立符合国家科技创新基地与科技基础条件保障能力建设特点的人员分类评价、考核和激励政策,开展国际化的人才评聘和学术评价工作,吸引和聚集国际一流水平的高层次创新领军人才,培养具有国际视野和杰出

创新能力的科学家，稳定一批科技资源共享服务平台的专业咨询与技术服务人才，为国家科技创新基地与科技基础条件保障能力建设提供各类人才支撑。

（四）深化开放合作与国际交流

在平等、互利、共赢的基础上，积极推进国际科技合作。健全合作机制，积极开拓和吸纳国外科技资源为我所用，积极参与国际组织，争取话语权并发挥重要作用。深化与国际一流机构的交流与合作，成为开展国际合作与交流、聚集一流学者和培养拔尖创新人才的重要平台，具有重要影响的国际科技创新基地。

（五）完善资源配置机制

加强绩效考核和财政支持的衔接，进一步完善国家科技创新基地分类支持方式和稳定支持机制。科学与工程研究类、基础支撑与条件保障类基地要突出财政稳定支持，中央财政稳定支持学科国家重点实验室运行和能力建设。技术创新与成果转化类基地建设要充分发挥市场配置资源的决定性作用，加强政府引导和第三方考核评估，根据考核评估情况，采用后补助等方式支持基地能力建设。

附录 N　国家科技资源共享服务平台管理办法

（国科发基〔2018〕48 号）

第一章　总　则

第一条　为深入实施创新驱动发展战略，规范管理国家科技资源共享服务平台（以下简称"国家平台"），推进科技资源向社会开放共享，提高资源利用效率，促进创新创业，根据《中华人民共和国科学技术进步法》和《国家科技创新基地优化整合方案》（国科发基〔2017〕250 号），制定本办法。

第二条　国家科技资源共享服务平台属于基础支撑与条件保障类国家科技创新基地，面向科技创新、经济社会发展和创新社会治理、建设平安中国等需求，加强优质科技资源有效集成，提升科技资源使用效率，为科学研究、技术进步和社会发展提供网络化、社会化的科技资源共享服务。

第三条　本办法所称的国家平台主要指围绕国家或区域发展战略，重点利用科学数据、生物种质与实验材料等科技资源在国家层面设立的专业化、综合性公共服务平台。

科研设施和科研仪器等科技资源，按照《国务院关于国家重大科研基础设施和大型科研仪器向社会开放的意见》（国发〔2014〕70 号）和《国家重大科研基础设施和大型科研仪器开放共享管理办法》（国科发基〔2017〕289 号）进行管理。图书文献等科技资源，依据相关管理章程和管理办法进行管理。

第四条　国家平台管理遵循合理布局、整合共享、分级分类、动态调整的基本原则，加强能力建设，规范责任主体，促进开放共享。

第五条　利用财政性资金形成的科技资源，除保密要求和特殊规定外，必须面向社会开放共享。

鼓励社会资本投入形成的科技资源通过国家平台面向社会开放共享。

第六条　中央财政对国家平台的运行维护和共享服务给予必要的支持。

第二章 管理职责

第七条 科技部、财政部是国家平台的宏观管理部门，主要职责是：

1. 制定国家平台发展规划、管理政策和标准规范；

2. 确定国家平台总体布局，协调组建国家平台，批准国家平台的建立、调整和撤销；

3. 建设国家平台门户系统即"中国科技资源共享网"（以下简称"共享网"）；

4. 组织开展国家平台运行服务评价考核工作，根据评价考核结果拨付相关经费；

5. 指导有关部门、地方政府科技管理部门开展平台工作。

第八条 国务院有关部门、地方政府科技管理部门是国家平台的主管部门（以下简称"主管部门"），主要职责是：

1. 按照国家平台规划和布局，研究制定本部门或本地区平台发展规划、管理政策和标准规范；

2. 推动本部门或本地区平台建设，促进科技资源整合与共享服务；

3. 择优推荐本部门或本地区平台加入共享网，提出国家平台建设意见建议；

4. 负责本部门或本地区国家平台管理工作，支持和监督国家平台管理、运行与服务。

第九条 国家科技基础条件平台中心（以下简称"平台中心"）受科技部、财政部委托承担共享网的建设和运行，以及国家平台的考核、评价等管理工作。

第十条 国家平台的依托单位应选择有条件的科研院所、高等院校等，是国家平台建设和运行的责任主体，主要职责是：

1. 制定国家平台的规章制度和相关标准规范；

2. 编制国家平台的年度工作方案并组织实施；

3. 负责国家平台的科技资源整合、更新、整理和保存，确保资源质量；

4. 负责国家平台的在线服务系统建设和运行，开展科技资源共享服务，做好服务记录；

5. 负责国家平台的建设、运行与管理并提供支撑保障，根据需要配备软硬件条件和专职人员队伍；

6. 配合完成相关部门组织的评价考核，接受社会监督；

7. 按规定管理和使用国家平台的中央财政经费，保证经费的单独核算、专款专用。

第三章　组　　建

第十一条　科技部、财政部会同有关部门制定并发布国家平台发展的总体规划和布局。主管部门根据总体规划和布局制定本部门或本地区平台发展规划，组织实施本部门或本地区平台建设，鼓励开展跨部门、跨地区科技资源整合与共享。

第十二条　科技部、财政部共同建设共享网。共享网是国家平台的科技资源信息发布平台和网络管理平台，按照统一标准接受和公布科技资源目录及相关服务信息，具备承担平台组建、运行管理和评价考核等工作的在线管理功能。

第十三条　国家平台应具备以下基本条件：

1. 依托单位拥有较大体量的科技资源或特色资源，建立了符合资源特点的标准规范、质量控制体系和资源整合模式，在本专业领域或区域范围内具有一定影响力，具备较强的科技资源整合能力；

2. 纳入共享网并公布科技资源目录及相关服务信息，且发布的科技资源均按照国家标准进行标识；

3. 已按照相关标准建成科技资源在线服务系统，并与共享网实现有效对接和互联互通，资源信息合格，更新及时；

4. 具备资源保存和共享服务所需要的软硬件条件，具有稳定的专职队伍，具有保障运行服务的组织机构、管理制度和共享服务机制；

5. 建立了符合资源特点的服务模式并取得良好服务成效。

第十四条　科技部、财政部可根据国家平台发展的总体规划和布局，按照国家科技发展战略和重大任务需求，并商有关部门遴选基础较好、资源优势明显、资源特色突出的部门或地区平台组建形成国家平台。

第十五条　牵头组建国家平台的主管部门负责编制国家平台组建与运行管理方案，推荐国家平台依托单位和负责人，并报科技部。

国家平台负责人应由依托单位正式在职、具有较高学术水平、熟悉本领域科技资源、管理协调能力较强的科学家担任，由依托单位负责聘任。

第十六条　科技部、财政部委托平台中心负责组织对国家平台组建与运行管理方案进行论证评审，对上报材料进行形式审查，组织专家进行评审，进行现场考察核实，并将评审结果报科技部、财政部。由科技部、财政部确定并向社会发布国家平台和依托单位名单。

第十七条 根据资源类型和平台的特点，国家平台统一规范命名为"国家××科学数据中心""国家××资源库（馆）"等，英文名称为 National××Data Center、National××Resource Center 等。

第四章 运行服务

第十八条 国家平台的主要任务包括：

1. 围绕国家战略需求持续开展重要科技资源的收集、整理、保存工作；

2. 承接科技计划项目实施所形成的科技资源的汇交、整理和保存任务；

3. 开展科技资源的社会共享，面向各类科技创新活动提供公共服务，开展科学普及，根据创新需求整合资源开展定制服务；

4. 建设和维护在线服务系统，开展科技资源管理与共享服务应用技术研究；

5. 开展资源国际交流合作，参加相关国际学术组织，维护国家利益与安全。

第十九条 依托单位要按照有关管理办法制定本国家平台运行管理和科技资源开放共享的管理制度，并报主管部门备案，保障国家平台日常运行，促进科技资源的开放共享。

第二十条 依托单位应该配备规模合理的专职从事国家平台管理的人员队伍，在绩效收入、职称评定等方面采取有利于激发积极性、稳定实验技术队伍的政策措施。

第二十一条 依托单位要建立健全国家平台科技资源质量控制体系，保证科技资源的准确性和可用性。依托单位要按照相关安全要求，建立应急管理和容灾备份机制，健全网络安全保障体系，为资源保存提供所需要的软硬件条件。主管部门应定期对资源安全情况进行检查。

第二十二条 依托单位可通过在线或者离线等方式向社会提供信息资源服务和实物资源服务。积极开展综合性、系统性、知识化的共享服务。鼓励组织开展科技资源加工整理，形成有价值的科技资源产品，向社会提供服务。

第二十三条 利用财政性资金资助的各类科技计划项目所形成的科技资源应汇交到指定平台。主管部门应明确相关科技资源生产、管理、汇交和共享的工作原则，并对科技资源汇交进行审核。

建立国家平台科技资源的内部动态调整机制，及时整合相关科技资源纳入平台。全社会的科技资源拥有者均可通过共享网公布科技资源信息。主管部门可组织推荐本部门或本地区拥有科技资源并具备服务条件的平台通过共享网公布科技资源目录及相关服务信息，开展共享服务。

第二十四条 国家平台应建立符合国家知识产权保护和安全保密等有关规定的制度，保护科技资源提供者的知识产权和利益。

用户使用国家平台科技资源形成的著作、论文等发表时，应明确标注科技资源标识和利用科技资源的情况，并应事先约定知识产权归属或比例。

第二十五条 为政府决策、公共安全、国防建设、环境保护、防灾减灾、公益性科学研究等提供基本资源服务的，国家平台应当无偿提供。

因经营性活动需要国家平台提供资源服务的，当事人双方应签订有偿服务合同，明确双方的权利和义务。有偿服务收费标准应当按成本补偿和非营利原则确定。

国家法律法规有特殊规定的，遵从其规定。

第五章 评价考核

第二十六条 主管部门应按年度组织对本部门或地区所属的国家平台进行年度自评，并将年度自评报告与下一年度工作计划于次年 1 月底前报科技部、财政部备案。

第二十七条 科技部、财政部组织对国家平台进行分类评价考核，重点考核科技资源整合能力、服务成效、组织运行管理及专项经费使用情况等内容。评价考核采取用户评价、门户系统在线测评和专家综合评价等方式，每两年考核一次。

第二十八条 科技部、财政部委托平台中心开展国家平台的评价考核。平台中心根据经主管部门审核的各国家平台运行服务记录、服务成效等材料，组织专家进行评价考核，考核结果报科技部、财政部。

第二十九条 科技部、财政部确定评价考核结果，并通过共享网予以公示和公布。根据国家平台科技资源整合和运行维护情况给予后补助经费支持，经费主要用于资源建设、仪器设备更新、日常运行维护、人员培训等方面。

第三十条 科技部、财政部根据评价考核结果对国家平台进行动态调整。对于评价考核结果较差的责成其限期整改，仍不合格的不再纳入国家平台序列。

第三十一条　国家平台涉及内部管理重大变化、主要人员变动等重大事项或重要内容，由主管部门公示后确认，并报科技部备案。

第三十二条　依托单位应如实提供运行服务记录、服务成效及相关材料。凡弄虚作假、违反学术道德的，将取消申报和参加评价考核资格，并视具体情况予以严肃处理。

第三十三条　科技部及有关部门和地方要建立投诉渠道，接受社会对国家平台开放共享情况的意见和监督。

第六章　附　则

第三十四条　本办法由科技部和财政部负责解释。

第三十五条　有关部门和地方可参照本办法结合实际制定或修订部门或地方平台的相关管理办法。

第三十六条　本办法自发布之日起实施。

致 谢

本书在编写的过程中，得到了中国科学技术交流中心、中国科学院北京基因组研究所、干细胞与生殖生物学国家重点实验室、蛋白质组学国家重点实验室、国家传染病诊断试剂与疫苗工程技术研究中心、国家生物防护装备工程技术研究中心、国家生化工程技术研究中心、生物芯片上海国家工程研究中心、动物用生物制品国家工程研究中心、国家呼吸系统疾病临床医学研究中心（广州医科大学附属第一医院）、国家心血管疾病临床医学研究中心（中国医学科学院阜外医院）、国家生物医药国际创新园、转化医学与临床研究国际联合研究中心、机器人微创心血管外科国际联合研究中心、人源化抗体及治疗性疫苗产业化国际科技合作基地、检验检疫国际科技合作基地、四川医药国际技术转移中心、中药现代化科技产业（云南）基地、中药现代化科技产业（吉林）基地、北京傅里叶变换质谱中心、北京磁共振脑成像中心、北京核磁共振中心、转化医学国家重大科技基础设施（上海）、转化医学国家重大科技基础设施（四川）、模式动物表型与遗传研究国家重大科技基础设施、首都医科大学宣武医院、复旦大学附属肿瘤医院、国家寄生生物种质资源库、中国西南野生生物种质资源库、中国药学微生物菌种保藏管理中心、武汉东湖高新技术产业开发区、苏州工业园区等相关单位的大力支持，并为本书编写提供了部分数据，在此一并表示感谢。